青い目

—砂漠の中のオアシス—

益子 洋子
MASHIKO Yoko

文芸社

◇ 目 次 ◇

青い目

―砂漠の中のオアシス―

「バラをかけがえのないものにしたのは、きみが、バラのために
費やした時間だったんだ」

—アントワーヌ・ド・サン゠テグジュペリ—

ヴィヴィに

序章

腫瘍だったら、不安がよぎった。

飼い猫の左首下の水泡が直径二センチ大に膨らんできて、この年の夏、帰省した娘が心配の言葉を口にした。娘は、猫の左首の毛を逆立たせて、
「皮膚が青くなっている。違う先生に見せた方がいい」

毎晩ブラッシングするたびに、ぷよぷよした塊に触れていたのに、変色していたことは気付かずにいた。水泡は三年ぐらい前にわかった。毎年三種混合ワクチンを打つ頃、いつも診てもらっているS動物病院の先生に話したら、その時はまだ一センチ弱で、注射器で吸い取り、透明な色を見て「水」だと言われた。間もなく同じ

大きさに膨らみ、再度尋ねたが、採ってもまた同じようになると言われ、放置した。

それがどんどん膨らみ、内心気が気でなかった。

訪ねた別のH動物病院は混んでいて一度目は手術が二件入って午後の診察はできなかった。

それでも後回しはできないと二度目は早朝に順番を取り、時間を見計らって猫を連れて行った。途中、いつものように鳴かないので、キャリーバッグを開けて声を掛けると、一駅区間もの距離を何か感じるのか悲しそうな声を出した。

病院に入ると、猫の年齢の一覧表が見えた。

一年で十七歳、三年で二十八歳、あとは四歳ずつ年を取り、この計算でいくと、十七年飼っている我が家の猫は、人間でいえば八十四歳を超えている。

「十七歳には思えないほど若く立派」と二度も言われ、

「自由にしている」と言うと、

「それがいいのかもしれない」

そういう言葉に救われた。

毎日、あと何年一緒に暮らせるだろうと思っているのに、猫の話をすると人は決まって、

「何歳」と聞いたあと、

「死んだら大変ね」

「心の準備だけはしておいた方がいい」

と言い、はっきり何歳とは言いたくなかった。


猫のお腹に触れた獣医師は、かなり痛がるのでひどい便秘だと言い、今与えているキャットフードは、若い猫用で無理があり消化器サポートのいいのがあると教えてくれた。

ある時期、体重がかなり増えて、それを戻すのに、S動物病院で数年がかりでダイエット食を処方された。ところが指摘された通り、ひどい便秘になり、二年ぐら

い前は仰向けになって深い呼吸をし、息苦しそうになった。人間なら救急車を頼みたいほどの状態で、普段ならあり得ないことにトイレで構えても無理になり、所かまわずあちこち隠れるような場所を探して、いきみながら苦しそうにしていた。

毎日飲ませた方がいいと便秘薬一か月分を貰《もら》ったが、それでも解消されず違うキャットフードに切り替えた。放っておくと大腸肥大症になって腸に溜め込むようになってしまうと警告されたが、ジャガ芋やかぼちゃを食べさせて、お腹をマッサージしてやるぐらいしかできないでいた。

H動物病院での診察は腫瘍の話を忘れてしまうぐらい健康状態を気遣い、いよいよ水泡は、はじめ太い注射器で吸い取ると茶色の水が出てきた。まだ残っていたからと小さい注射器で僅か吸い取った方は透明だった。それを遠心分離器にかけて悪い細胞がないかどうか調べる検査だった。

診察台で、

「ウー」

と唸って先生の手を咬《か》み、

「ハーッ」

と威嚇して不安を示した猫は、終わると私の手の甲を軽く二回咬み、早く帰ろうと催促する。待つこと十数分、結果は悪性ではないと診断された。

自宅に着いてキャリーバッグから出したら、我慢の限界だったと言わんばかり、手足を拭こうとすると怒ったように鳴き、やっと解放されて自分を取り戻したような顔だった。しかもサンプルに貰ったキャットフードは功を奏し、翌日、大量のウンチが出た。

今度はそのキャットフードに、と切り替えたかったが、かかりつけのS動物病院で体重管理の下に出されるキャットフードがあって、そう簡単にはいかなかった。

猫から見えてくるもの、命を預かっていると小さな生き物にも目が行き、簡単には踏み潰せなくなった。

そこかしこに雑木林がある、ある郊外のレストランの帰り道、前を歩いている中年の婦人が後ろのご主人に、

「殺さないで臭いから」

と言った。

やや大きいカメムシが地面を這《は》っていた。

一度トイレに落ちたカメムシを助けたことがある。

「殺さないで臭いから？　殺さないで可哀想だからって普通言うんじゃないの」

と傍らの夫に言う。

そんなことにいちいち反応するのが可笑《おか》しいと言いたげに、

「どうでもいいじゃないの」

と夫は先を急ぐ。

夜、耳元で囁くように話しかけた。

「良かったね」

「グルグル」言って、

ゴロゴロ喉を鳴らすので、分かっているのか、猫も自分も何ら変わらない、時間を共に生きていると思えた束の間だった。

それから一年の命だった。

壁に付けた爪跡、遺品、「私の記憶」、の中にしか留《とど》まれないが、多くを残して去っていった。

出会い

その猫と出会ったのは、今はN市に変わった、当時N町の町長宅だった。

N町に新築する人が許可を取るには、建築確認申請書類一式を県に提出するのに証紙が必要で、その証紙を取り扱っているのがN町長宅だった。設計事務所の業務の一環として私は、N町の新築依頼があるたびに、敷地五〇〇坪もあるような門構えの、奥行きがあるお宅に入り、証紙を買っていた。

声を掛けると常時、奥さんがいて人好きのする元気な声を発した。町長のご主人を支えながらご自身もボランティア活動をされている方で、長い廊下越しに開け放った各部屋が見るともなく見えて、乱雑だったが、大雑把で、快活で、世話好きさを表していた。

花や木を丹精して育てられ、大きな木の周りに二匹の猫が戯れていた。一匹は体が立派なシャム猫で、

「チャコちゃん」と、教えてもらった名前で声を掛けると、

「ニャーン」と返事し、

「あら返事したわ」と奥さんが笑う。

撫でながら冗談のつもりで、

「こんな猫なら飼いたいわ」と言うと、

「いますよ」と意外な返事だった。

実は今すぐ貰っても子猫の世話どころではなかった。私はその頃、建築士の国家試験が控えていて四教科の勉強に追われていた。その言葉に、あとで断ればいいぐらいの軽さで受け止めていたら数日後、

「二匹、生まれて間もない猫がいるけれど、オスとメスとどっちがいいですか」

と電話がかかってきた。

八年前、交通事故死したニャアニャアという名の猫の辛い思い出を抱えていて、その猫は外に放していたこともあり、そして近所は、野良猫の粗相を嫌がって猫嫌いの人が多く、今度飼うなら家の中でと思っていたので、

「鳴かない猫がいい」と言った。

建築士の一次試験が二、三日後に迫り、頭の中は緊張が拮抗していた。

「子猫は貰ってありますよ」

再度電話が鳴った。

「二日後の試験が終わらないと受け取りには行けない」

事情を説明したらそれまで預かってくれることになった。

初めてその子猫を見た。奥さんの足元から離れず、

「ずっとついてきて可愛いの」と言う。

片手に乗るぐらいの小ささで、本来なら親から離せる状態にない、生まれて一か月過ぎたぐらいで真っ白だった。刷り込みの研究者として知られる動物学者のローレンツによると、孵化したばかりのハイイロガンのヒナが、最初に見た人間を母親と思い、よちよち歩きでどこまでもついてきたという事を思い出していた。早い時期に母親から離され、初めて見たそこの奥さんを母親のように思って一瞬たりとも離れようとしなかった。そしてそれは、貰って帰った時から私に向けられることになり、子猫のお母さんになっていく出会いでもあった。

後ろ向きのいたいけな姿だけ見ていて気付かずにいたが、ひょいっと振り向いた瞬間、目はつぶったまま、

「目が見えないんですか」

「目ヤニでくっついているだけで目薬を差すと開きますよ」と言う。

とりあえず海辺の砂を段ボールに敷き詰め、仕事が終わるまで事務所の片隅に置くと小さなウンチをした。躾《しつけ》られたのか初めから粗相のない猫だった。

後で町長宅に、貰った先方の分とお礼に伺うと、シャム猫ばかり十六匹飼っている農家で生まれた純血種だった。白鳥が子どものころ全身グレーで覆われているように、その猫もはじめ真っ白で、成長と共にシャムの特徴である耳、顔、手足、尾にポイントが現れ、被毛はアイボリーからセピア色、年月と共に焦げ茶と変化していき、温度に関係することも知った。

潰れているかに見えた目は毎日目薬を差し、両手で開けると、ブルーの瞳だった。口を近づけることや、排泄物を取った時の手洗いとか、動物と暮らす以上ひとまず距離をおこうと考えていたが無駄だった。眠気を催すと膝の上では寝ずに胸から肩に上がり、首回りに襟巻のように丸まって休み、母親を恋うていた。

「鳴かない猫がいい」と言ったものの、

「ニャ」

と、鳴くにも口を大きく開けるだけで声も出ず弱々しすぎた。蚤《のみ》がびっしりで、二日間体を洗い潰したが、取り切れず、そのうち変な息づかいをしだした。息づかいは気管に達するぐらい、鼻と喉も苦しそうで、目ヤニはどんどん酷くなり、ほとんど抱っこしっぱなしでブランケットに包み、喉や体をさすった。

翌日、S動物病院に連れていくと、猫ウイルス性鼻気管炎という伝染病だった。ヘルペスウイルスが病原体で、はじめ鼻水や目ヤニが出て、症状が進むと鼻水や目ヤニはさらに増え、食欲がなくなり、下痢、脱水症状を示し、放っておくと肺炎を引き起こして死亡することもある病気だった。猫カリシウイルス感染症、猫汎白血球減少症と並ぶ三大ウイルス症の一つで危なかった。

体中の黒いカスは蚤のフンで、おそらく部屋中の絨毯《じゅうたん》、畳は蚤の卵だらけで、卵がサナギになり、人間や猫が通ると体温で弾けて飛んで体に住み着くので、増える一方で、人間には足の周りに蚤が付き痒《かゆ》くなると言われた。

「まだ蚤取りの薬はつけられない時期だが」

と言って首回りにつけるも、ぞっとして遠ざけたかったが、離れないので夜も添い寝し、猫は私の襟元に顔を埋め、手を交互に押す仕草を繰り返し、その後の猫との関わりを決定づけた。

体が弱ければ手がかかる分、人間の子どもと同じで繋がりが濃くなる。あの時、「元気な猫がいい」と言っていたら、出会わなかったであろう偶然性を思った。「あれ」を選ばず「これ」を選んだと思っても、自分の意志というより案外「偶然」だったという事は多い。逆もあるがその時、自分の意志を貫かなかったら今はなかったという事でも、後々いいか悪いかなど考えたこともなく偶然にすぎない。

それに子どもの頃がいかに重要なものを含んでいるか、その時はまだ知り得ない。後になってこの頃のことを思い出すと生涯の初めと終わり、同じ事が繰り返されていた。命が消えかかった時も添い寝で、手枕にし、もう片方の手で猫の手を握っていた。

食べ物も初めて覚えた味は生涯変わらなかった。

キャットフードは硬くてまだ食べられず、食べ物に困った。潰すことは頭になく、軟らかく口に入れられるものはないか考えた。パンを牛乳に浸してパン粥にしたり、ゆで卵の黄味をなめさせたり、ごく少しだけ鰻を煮沸し塩分を完全に抜き、口で噛んでからやると、ガツガツと口にしたが、カロリーが高すぎて多くはやれなかった。

猫の缶詰を開けたが、向こうから歩いてくるや、片手で引っ掻く仕草を繰り返し、「いらない」と拒否、何度開けても同じことをし、缶詰は生涯を通じて口にしなかった。


十二歳の愛犬の死を看取った友人は、ドッグフードに徹していて、「こんなに早く死ぬのなら、もっといろんなものを食べさせてやればよかった」と悔やんだ。

幸か不幸か、缶詰を食べない猫にあらゆる魚を試したが、どちらを選んでも悔いは残る。舌平目、メイタガレイ、ナメタガレイとしっとりした白身魚が好物で、鯛とか鱈、カワハギはもぞもぞするからか食べたがらなかった。人間には良くてもこの猫に関しては、鯵《あじ》は続くと必ず膀胱炎の症状をきたし控えたが、旬の秋刀魚は焼いた香ばしさに表情が耀き、美味しかったか聞くと、返事の代わりに私の手を舌で長く伸ばすように舐めた。ペチャペチャ美味しそうに口にするので、鶏肉入りの野菜スープはよく作り、手軽に与え続けたかつお節は意外に塩分が多いのを知ったが後の祭りだった。

晩年は慢性腎臓病になり、大体の猫は加齢と共にその病気が多いが、長年の食事も災いした。

喪失感を隠せない姿に娘は、天を指すように、

「今頃、上で自慢しているんじゃないの」

「(みんなは食べた事ないでしょう。うちのお母さんは色んなもの食べさせてくれた)って」

娘もまたその一年半前、飼い猫が急死していて同調した。

「今日は舌平目」と声を掛けると、

「（あれだ）」ってわかり、
オーブンの出来上がりの音に、耳がピクンとして、両手を揃えて伸びをした。貰えると思って待っているのに出すのが遅いと私の手の甲を軽く咬み、それでもまだ出ないと、きつく咬んで催促した。
——探していた頃は時期があるのでなかなか見つからなかったのに、スーパーの鮮魚コーナーで、並んだ舌平目を見た時、居すくまった。正しくは、その場にしゃがみ込みたいような、胸苦しさだった。——亡くなったのが前日だった。
好きな食べ物の思い出は限りない。なかでもトウモロコシへの執着は別格だった。そのままでは下痢しかねないので、茹でたものの実をごく少し残して削ぎ落としてから出すと、ベロベロ舐め、追い付かないほどぐるぐる回すと、もう甘い汁が出なくなるまでかぶりついた。

回復に向かうと猫本来のヤンチャな姿が露《あらわ》になり、体がすっぽり入る籠《かご》を好んだ。仕事に行こうとすると、玄関の上がり框《かまち》まで来て後追いし、「ミィーミィー」鳴き、帰ってから捜すと新聞の収納袋の中で眠っていて、身を隠していたのか、単に四方、体を覆うものがあると安心するのか、猫の動向が無視できない生活になっていった。

一方、私の方は、まだ試験は終わったわけではなく、一次試験のあと待ったなしに二次試験が控えていて、二か月の猶予しかなかった。日中は落ち着かず、子猫を寝かせて集中するのは夜中だった。課題の「歯科診療所併用住宅」の配置図、平面図一階・二階、立面図、矩計図《かなばかりず》（垂直断面図）の図面を引く作業が待っていた。

ところが製図に取り掛かろうとすると、物音で起き出し、よちよち歩きながら、夏でも出したままの、掘り炬燵《ごたつ》の櫓《やぐら》の上の低めの炬燵テーブルの上にひょいと飛び乗り、三十度に傾けたA2サイズの製図板の裏にすっぽり入りこんだ。頭を製図板に向けるように仰向けにひっくり返り、横向きになったりして、図面を引き出すと裏でチャカチャカじゃれだし、私が寝るまで待っていた。思わず頬が緩み緊張がほぐれる日々に変わった。

猫の意識の中にいつも見ているものは記憶されていて、製図板をしまう袋の中に入りたがり、試験の前日、車に積み込むと、なくなったその場所に座って動かなかった。

どうにか二か月をやり過ごし、会場になったのは工業高校だった。机は製図板を置くのがやっとの狭さで、仲間内で、定規や文房具は机の横に入れ物を用意してガムテープで貼るのがやり易いと聞いて、開始前に準備したが試験が始まって間もなく、重みでバサッと落ちた。一年で決めるためには落ち着こうと思ったが、四時間半の試験の見返しの時、通し柱の記入漏れに気付き、道具を使って書く時間もなくなり、急ぎ、手書きで一階と二階に繋がる通し柱に丸印をつけて終わりの合図だった。

気が緩んだと同時に翌日から風邪だった。

猫の被毛は背中の色がまだらにセピア色になりつつあった。

もののけ姫

ヴィヴィド「生き生きした」意を込めて、名前はヴィヴィと名付けた。ヴィヴィアン・リーという名のイギリスの女優もいた（奇しくも後にヴィ（VIE）に「命」とか「生」の意を知る）。

「ヴィヴィちゃんいいよ！」

娘が布団を上げても入ってこないので拗ねたように言うと、私の布団を抜け出し、娘の布団に入り込む。半ば遊びだったが、今度は私が、

「こっちへおいでよ」

と言うと、娘の布団を飛び出して私の布団に入り、互いの主張に気を使うようにどっちへ行ったらいいのかと行き来する。勘のいい猫だった。

猫に記憶があるのか、少なくとも私が見た最期の時間、記憶の底に沈んだ幼い頃に心地よかったものを思い出したのだと確信している。

一九九七年七月十二日、スタジオジブリからアニメ映画「もののけ姫」が公開上映された。ヴィヴィが、我が家にやってきたのが七月七日、七夕の日だった。偶然、猫と「もののけ姫」と時間軸の中で出会ったことになる。

どこに行くにも後をついてきた猫は、入浴中も浴室のガラス戸の前に座ったまま動かず、上がるまでずっと待っていた。見兼ねて娘は、抱き上げて浴槽脇のタイルの上に置き、その頃上映されてテレビ、ラジオでいつも流れていた「もののけ姫」の歌を毎日歌って聞かせた。猫は子守歌代わり、至福の時間だった。浴室の湯気の中で、愛でられながら聞く歌、うとうとと体を少し揺らすように居眠り始めた。

ある時、猫がテレビの画面に目を向け、カウンタテナー、米良美一《めらよしかず》さんの歌う歌をじっと見ていた。

はりつめた弓の　ふるえる弦よ

月の光にざわめくおまえの心
とぎすまされた刃の美しい
そのきっさきによく似たそなたの横顔
悲しみと怒りにひそむ
まことの心を知るは森の精
もののけ達だけ
もののけ達だけ

哀しみを湛《たた》えた、どこか別の世界を表すような澄んだ声は、動物の気持ちにも染み入るものがあるかもしれない。後に、首も支えきれず、目はつむったままの末期状態の時なのに「もののけ姫」の曲が蘇った。十八年もの間、記憶のどこかに残っていたことになる。

火葬場で、言われた。

「シャムは活発で、仲間といるより一人で野山を駆け回っている方が好き」

その世界を象徴しているかに思えた言葉だった。

猫の恋

小さい頃からそうだったかどうか、主に食べ物で、自分の思いが通じないと、あるいは食事がちょっと遅いと隅っこに隠れてねじっぺした（大きくなってから、幅四十五センチ、人ひとりやっと通れる食品庫を台所のキャビネット裏に作った時、猫は格好の場と思ったのか、面白くない時の隠れ家だった）。爪研ぎをそっと置いた。小さな籠のようなものに頭を突っ込んでは取れなくなり、意表を突く仕草に空気が和んだ。

「猫はポエム、ただそこにいるだけでいいのです」

と言った作家もいた。

無心な詩のような世界、それはほんの一瞬与えられたものだった。

子ども時代は速く、次の時代への自然の摂理が用意されていた。

二月ともなると、ニャーオーン、ニャーオーンと悲痛な猫の鳴き声が昼夜問わず発せられ、動物の匂いを嗅ぎ分けて、飼い猫がいると分かると、ニャーゴ、ニャーゴと短く切った、誘うような鳴き方で、家の周りから去らずに何日も鳴いている。夜中は絡み合う猫同士のギャーと悲鳴に近い声で野良猫ばかりか、明らかに飼い猫として栄養が行き渡った太った猫も夜中歩いているから、発情期独特の騒ぎ方に困り果てて外に出してしまうのだろう。運よく雌に出会えるとは限らず雌を巡って雄同士喧嘩し怪我して戻ってきたり、あるいは雌に出会えない雄は彷徨《さまよ》い歩くうち、遠出して帰ってこられないことも多いと聞く。飲まず食わず探し回って迷子になるのだ。

ヴィヴィに突然発情の兆しが始まったのは、家に来てから四か月目の頃だった。

大声で鳴きながらうろうろしだし、マットの上に体をこすり付け、座布団の上で体をくねらすようになった。三日ぐらいで収まったものの十日間隔でまた始まり四回ぐらいあった。部屋の中を駆け回り、声まで変わり、食欲もなく目は虚ろな状態で、一回目の時は障子を破ったぐらいで済んだが、二月に入って（家に来て七か月目のころ）二度目の発情が始まると鳴きながら駆け回り襖も破るほどの変わりようだった。時間をおいて突き上がってくる衝動を見ていて、ある本を読んでいたら、千匹の虫がお腹を蠢《うごめ》いている状態だとあった。

「卵巣に成熟した卵子が出来ても、交尾の刺激がないと、卵子は子宮まで出てこないため、交尾しない雌は後から出来る卵子のために、二十日以上もお腹の痛みやむずがゆさを味わう」

そのための大きな声を発したり、爪で障子や襖を引っ掻いて破く行為になってしまう、動物の本能を前に可哀想と思う気持ちと、人間の側も落ち着かず手を焼いた。

見ていられないほど酷い状態の時は、狂いだす猫を仰向けにして尿道口に綿棒を当て、チョン、チョン、チョンとやると、じっとしたまま、収まり、また時間をおいて狂いだすとそれをやり、一時的に楽になる方法はないか考えた。

三回目の発情期が来た時、どうすべきか考えざるを得なかった。広い敷地と自然があるならともかく、雄猫が外で奇声を発しながら夜中じゅう鳴いているのを迷惑がる密集した住宅地では、外にも出せないし、子猫が生まれても貰ってくれる先も見つからない。

Ｓ動物病院では、

「長い間に何回も発情が続く」

「手術はいっとき痛いけれど、シャムの場合、乳腺症にかかる率が高く、悪性になりやすい」

だから手術した方がいいと言われ、覚悟した。

猫可愛がりという言葉がある。猫を一人の人間のように大切に扱うこととの違いはどこにあるのだろう。首輪はしなかった。小さい頃、被毛に合う水色の首輪を試してやめた。千葉県の成田山に行った時のこと、何匹もの犬に着物を着せてリードを引く姿を見た。好奇の眼差しを向けたが、お参りで特別お洒落させたかったのかもしれない。犬は窮屈そうだった。

ヴィヴィは外に出さなかったから、洋服もリボンも付けたこともない。自由にし、やれる限りのことをしようと思ったのは、その前に飼った猫が交通事故、という飼い方への悔いだった。


次女が高校受験を控えた秋のこと、彼女は留守番で、他の家族で一泊旅行に出掛けた。翌日戻り、夕方自宅近くまで来た時、道路に猫が死んでいた。

「家《うち》の猫ではない」

飼っていた猫は以前怪我をして隣の敷地で動けないでいた。診察の結果、尾の骨が折れていて手術で切断、そのためほとんど尻尾がなかった。道路に横たわった猫の尻尾は長く見えて、よその家の猫だと勘違いした。内臓圧迫で腸が飛び出たものだった。

その場所から一分もかからず家に着いた時、その猫を段ボール箱に入れようと思ってできなかったのか段ボール箱が玄関前に投げ捨ててあり一瞬のうちに悟った。次女が泣き崩れていて、近所からの通報だった。雨が降りしきる中、家族が出掛けた方向を見て横たわった姿の猫を段ボール箱に入れた。外を自由にしていたので、発情期に寄ってくる雄の鳴き声が酷くて、受験生を持って神経がピリピリしていた。可愛いと思う余裕がなくて猫の気持ちに寄り添えなかった。上手くいっても人間の四分の一も生きられない、今この時だけの命の重みを知らされた。

外との出入りが自由でよかった唯一のことは、私道を挟んで向かい側の後ろで飼われていた、体の大きな被毛が青っぽい雄猫との出会いだった。その猫とは気が合って、二匹はよく横に静かに並んで座っていた。向かいの家だけは敷地に猫がいるのを好まず、その猫の持ち主は仲良くしているのを見守っていた。

好きな絵本の一つに『100万回生きたねこ』（佐野洋子　講談社）がある。100万回も生き、100万回死んだねこはどの人間にも所属しなかったが、一匹の白いねこに魅せられる。一緒になり、可愛い子ねこがたくさん産まれ、満たされた暮らしが続いたが、ある日白いねこが動かなくなると、100万回も鳴き、やがてそのトラねこも最期を迎え、もう二度と生き返らなかった。

この物語のようにはいかないまでも、交通事故死した猫と青っぽい被毛の大きな猫と、喧嘩もせず静かに並ぶ姿に本の世界を垣間見た。

一歳前お腹の毛をそられ、ぐるぐる包帯を巻いた姿は痛々しかった。卵巣を摘出された猫には、生涯家の中だけで、こういう出会いもなければ、母親になることも叶わなかった。

辛い選択だったが、これで落ち着くのかと思いきや、発情期特有の鳴き声に我慢できず外に出してしまう飼い猫やノラ猫など、外部の猫はそうはならなかった。

手術した後の一歳のころのことである。

不覚にも、風通しをするため、当時網戸を入れていなかった玄関を少しだけ開けていた。

「ンギャー、、、」

という異常な叫び声を聞いた時には遅く、外からその隙間を開けて入った雄猫に羽交い絞めにされて、玄関の三和土《たたき》には、毟《むし》り取られた猫の毛と尿のようなものが

びっしょりあった。急いで雄猫を追い払っている間、猫は廊下を疾走し、出窓に駆け上がった。心配して近寄ると、

「ハ、ハアーッ」

と毛を逆立て、耳は後ろにぴったりさせ、眼球を見開いて恐怖を露にした。しばらく興奮は収まらなかった。窓から他の猫を見ていたものの、現実に生身の猫に襲われる。何が起こったかわからない突発的な出来事に、全身殺気立った猫が落ち着くまで待って、寝床に連れていった。それからは、空腹を訴えるでもなく、ずっと布団の隅に座ったまま悄気返《しょげかえ》り、夜になっても来ず、名前を呼んで声を掛けると悲しそうに小さい声で返事をする。

翌日、念のためS動物病院に連れていき、化膿止めの薬を貰った。皮膚の三か所が丸見えになるほど毛を毟り取られていて生々しく、その後、ブラウンの被毛になってからもそこだけは白く残ったままだった。

「レイプされた」

という言葉に猫に興味のない妹達はただ笑い転げていたが、猫も私もショック状

態で、その雄猫と不用意に出す飼い主には腹立たしかった。何年かたって、句作の嗜《たしな》みはないが初春の季語でもある「猫の恋」について、この話を俳句が専門の先生に話したら、

「つまり処女を奪われたということですね」

と驚かれた。

地震

ヴィヴィは小さい時にこういう怖い目にあったせいか臆病だった。気の強さと気の小ささとを併せ持っていた。

子猫を世話してくれたN町長の奥さんも、経験から同じようにシャム猫を捉えていた。媚びない、誇り高い雰囲気があった。食べ物を出してもガツガツすることなく、少し待っておもむろに口にし、奥ゆかしかった。芯が強く、意にそぐわないこ

とを無理にさせようとするとガブッと咬むこともあり、外の世界を見ていないので、天変地異を怖がった。大の雷嫌いで、雷鳴があると不安が募り、抜き足差し足隠れる場所を探し、ピアノの椅子の下に身を隠すのだが、頭だけ中に入れて下半身は出ていた。

節分に夫が豆を持って、「鬼は外、福は内」と大きな声を発しながら廊下を歩くと、聞いたこともない大きい声に、耳をピーンとさせて引きつった顔をし、どこかに何かがいるのかもしれないような、後ろを振り返りながら、各部屋に豆をまく夫のあとをついていく。毎年、節分は笑える行事だった。

タンスの上が好きでよくそこから外を眺めていた。雪の日、降り積もった雪が屋根から滑り落ち、ドサッと音がするたび、のぞき込むが、我慢できなくなって下に降り、茶の間からその様子を確認するのだがドキドキしているのが分かった。

そんな猫が東日本大震災の時、恐怖にさらされ続けたのは想像できる。家の中には声を掛ける人も抱きあげる人もなく猫だけだった。

この地は震度6強だった。ヴィヴィはその時十三歳、あと二か月も過ぎれば十四歳になる老齢期だった。その日は税務相談会の最終日で、私は商工会議所にいた。一年間の決算書と確定申告書を商工会議所職員と出張担当の税理士さんに確認してもらい、それが通ればやっと解放される日でもあった。直接税務署に行かなくても会員は商工会議所に提出できた。すべての書類をチェックしてもらい特別な指摘を受けることもなく、提出書類の方へ清書していた時、かなり長い揺れが続いた。机の下に身を置き、商工会議所会員の当番三人が、驚いた様子で天井、左右とキョロキョロさせているので、

「早く机の下に」と促した。

　その揺れ方は半端ではなく、そのうち建屋の壁がビシビシ音がしだし、途中だった書類を鷲掴みにして全員が階下に向かった。商工会議所内の一画を間借りしている保険会社の女子社員は、不安と恐怖で泣き出した。道路の反対側に目を向けると、住宅の壁が剝がれ落ち、それがポンポン飛んでいた。おさまるかに見えた時に中に戻り、残した書類のすべてを持ち出し外に出た。一瞬のすきだった。携帯は繋がらず、建屋の外に出た人達の間で情報が飛び交い、駅の電気が落ちたとか、みんな一

様に帰れるか不安を抱えながら、その場にいるわけにいかず車を動かした。信号は停止、手信号で何とか家に辿り着き、ずっと家の中に取り残されたヴィヴィのことが心配だった。

夫も帰っていて、揺れは収まらず、私が猫のことを案じると、夜は決まって膝の上でゴロゴロし、可愛がっている夫が、パニック状態で、思わず口にしたのは、

「猫どこじゃない」

圧死しているかもしれない。私は、それればかり考えていた。家は、私道に面したブロック塀がそっくり倒壊し、鬼瓦は道路に落ち、屋根のぐし（棟《むね》）がずれて剥がれ、瓦も一部飛んでいた。みんなが家に入ることもできず集まっていた。「おばさんどうしたの？」と通りがかった娘の幼なじみに声をかけられ、一緒に揺れ続ける家の中に入ってくれて、猫の名を呼ぶが姿がなく、声もしないので、納戸の両面とも天井まである本棚、子ども部屋の二方向天井までの造り付け本棚、洋間の本棚と全部の本が落ちたのを見て、完全に本の下敷きになっていると思い込んだ。

もう一回、大きい声で名前を呼んだ時、どこからともなく姿を現し、僅かの隙間

で難を逃れた。助かったと思い、キャリーバッグに入れキャットフードの袋だけ持って急いで家を出た。近くのスーパーマーケットで、一人三本まで二リットルの水が提供され猫にも救いになった。車の中で一夜を明かしたが、何がどうなっているのか理解できない猫は、左の窓から外を眺め、右の窓に移り、車の中で鳴き続けた。あの日は寒く、抱っこし続け、トレンチコートは猫の爪跡だらけで、非日常を経験したヴィヴィの恐怖は収まらず、私も猫も寝られなかった。

揺れは続いているものの、どうにか家の中に入れるようになって気付いたのは、足の踏み場もないほど本が散乱している他、玄関の長めの下駄箱の上にあった置物が全部三和土に落ちていた。板谷波山《いたやはざん》風にひねりのある茶碗は金継ぎ不可能なほど粉々で、イタリア製のハンドメイドのバレエ像が気になった。両手を上に掌は前に向け、右足で立ち、左足を九十度に曲げたattitude《アティテュード》という美しい形をしていた。何度も見て購入したものだけに、下駄箱の裏に落ち、胴体は真っ二つ、手の指が何本か折れてがっくりした（後に修復を依頼して、どうにか表面上分からなくなった）。

その夜、大切な知人が病気で亡くなった。大地震の大勢の犠牲者とともに忘れることのできない一人の生涯だった。

Sさんは、日米同時開催というクリスト夫妻のプロジェクトによるアンブレラ展が実施された、その川沿いに家があった。山間と里山の風景の中に人家が所々あり、小石の上を澄んだ浅瀬の緩やかな川が流れていた。その川の中にもブルーの傘が並べられた。蕎麦の季節、近くを通ると白い花が可憐に、ひそやかに咲く地だった。

Sさんからの年賀状はありきたりの印刷ではなく、必ずご自分の言葉で、時代を見据えた文だった。村会議員を数期務められ、私欲にかられず、村のために力を尽くされた。阿武隈山系の山間部に、大きな無花果《いちじく》の木がある娘さんの家があり、それが競売に出され、何度か相談にいらした。苦慮した末、ご自身が競り落とし、買い戻した。Sさんは親心と、田舎暮らしの中でいい人間関係を築いた温厚な人柄を残して旅立たれた。

病

ヴィヴィの生きた十八年間、身に起こった出来事は、二度経験したくない時期とも重なる。神様がいて、少しでも軽減するよう猫を遣わした、そう思いたいほど、この猫に助けられた。

地震から遡《さかのぼ》ること三年半前、ヴィヴィは、十歳半だった。いくつもいろんなことが重なり、猫にとっても訳が分からないままパニック状態だったに違いない。

子どもの結婚が十二月下旬に控え、それに先立って、水回りを中心に自宅の改築が予定された。下水道完備に伴い、浄化槽を水洗にするついでに浴室の全面改装、台所を対面式に、洋間の床と廊下を合板から檜《ひのき》に全面張り替えて、結婚式の前日までの一か月内に完了するつもりでいた。

茶の間、客間、寝室は手を加えないので、住んだまま工事してもらうことは可能だったが、私が肺に疾患を持っていて、工事中の埃《ほこり》は体に負担を及ぼすことと、懇意の大工さん親子三人ではあったが、工事中、玄関は開け放ち、台所の壁も剝がすので、外部との境が剝き出しで、猫を監視しているわけにはいかず、結構広いスペースの猫用サークルは準備したが、万が一跳び越え、不手際があって外に出てしまうことも考え、一か月、近くのアパートを借りることにした。一日の猶予もなく手一杯の工事と、一か月だけの賃貸にしたのだったが工事は大幅に遅れた。

長い闘病の末、大工さんの奥さんが亡くなられた。

懇意にしていたため喪中のところ、工事を急がすわけにもいかず、浴槽の手配が決まっていても浴室の基礎が出来ていなく、急遽、急ぎの場所は他の業者さんに依頼せざるを得なかった。洋間の床を全部剝がしたままストップされ、私は敷居に猫と一緒に座って、喪が明けるまで時間だけが過ぎていった。猫は、根太だけになった洋間を見て落ち着かない顔だったが、そのあとヴィヴィにはもっと試練が待っていた。

やっと工事に着手できるようになり、私は猫をキャリーバッグに入れて移動の準備をした。普段キャリーバッグは動物病院に連れて行くのに使っていたから、病院の嫌いなヴィヴィにとっては恐怖のバッグで、車で運ぶ時は、何回か鳴き病院に着いて外に出すと、いつも震えていた。今回も緊張を与え連れ出すことに抵抗があった。アパートは動物禁止だった。

一週間滞り、始まったのが十一月の最終日、アパートは十二月下旬には明け渡す契約だった。キャリーバッグから出た猫は、自分の家と勝手の違う部屋に戸惑い、部屋が二つと台所という間取りの中で一つ一つ部屋を見て歩いた後、いつもの声のトーンではない鳴き方をした。それはひっきりなしに続き、近くに大家さんでも住んでいたら大変なことになるので困り果てた。大きな声で鳴くヴィヴィを置いて買い物にも行けず、昼休み夫が昼食にアパートに来た時、交代してヴィヴィを見てもらい用事を済ませる日々が始まった。付きっきりというわけにもいかず、炊事するにも本気で猫用のおんぶ紐があればと思った。

運が悪いことに、こういう時期に限って税務署から税務調査の封書が届いており、数日後に事務所に来訪予定になっていた。業種ごとにまとめて調査するらしいが、そのまま通ってしまうことはなく、何がしかのチェックは受け、無論納税を伴うことは分かっていた。

段ボール箱に五年分の帳簿一式（現金出納帳、経費帳、売上帳、確定申告台帳、請求書、領収証）を入れてアパートに持ち込み、記入漏れや記載ミスがないかどうか確認しなければならなくなった。入居したばかりで電球も取り替えていない薄明かりの中で、予想しなかった仕事が一つ増えた。確定申告は次年度の二月から始まるがその前の調査だった。

限られた日数の中で、早朝から大工さんが来るため、夫は夕食と入浴を済ませると車で七、八分の自宅に戻っていた。工事管理のための段取りと指示、他の業者さんへの手配が余分に増え、自分の仕事はいつも通りあった。

夫は疲労が溜まり、その頃何度も足が冷たくて眠れないと口にした。冬場の寒さと工事中の隙間風だけではなかったことが後で分かった。

一方で私は、夫が自宅に戻ると防犯上心配で猫が頼りだった。一か月足らずのアパート生活で、カーテンまで新しくする必要はないと思い、シーツを短めにして吊るした。自宅は平屋で窓でも開けない限り人は見えないが、アパートは二階で窓越しに人が歩いているのも見えるし、カーテンにした真っ白のシーツが揺れるだけで不安だった。

鳴いているヴィヴィを布団の中に入れるが、明け方四時になると必ず布団から飛び出し、畳の四隅に行って、顔を上にし、

「ニャゴー、ニャゴー」

と、自宅にいて聞いたこともない喉の奥から声を出し、鳴きやまなかった。

家が違う不安にかられる猫のために、ある日、自宅に連れていくことにした。キャリーバッグに入っているうちに違うところに連れてこられたことを知っていて、普通なら嫌がるキャリーバッグに進んで入った。その姿は、そこに入れば、自分の家に戻れると思っているかに見えた。

夜、自宅に戻ったヴィヴィは、安心したように騒がず、布団の足元に敷いた猫の毛布の中に入れると、早朝に飛び出すこともなかった。いつも通りにしてやること、猫の習性としてなじんだ習慣は壊せない。

翌朝、壁が剝がされ、台所は配置替えし、剝き出しの板敷き、と趣が変わってしまった家の中を、（あれっー）と声を出しているように不思議がって覗き込み、一つ一つ点検し、またはじめから点検しなおすヴィヴィの姿を見た。

その頃夫は、毎年受けている十二月の人間ドックで肺に異常陰影が見つかり、検査結果と共に精密検査の用紙が同封されていた。近くの肺専門病院に行くのに付き添いたくても、アパートに戻ると、また鳴き始めるヴィヴィを置いていくわけにいかず、夫一人病院に向かった。

夕方帰った夫にドアの前で、

「どうだった」

「ガン、だって」

打ちのめされ、会話は途切れた。

これから、あと数日後に、親として初めて臨む、娘の結婚式を控えていた。足が冷えて眠れないと言っていた夫の言葉が的中した。ＣＴだけの検査だったが、さらに気管支内視鏡検査などは入院しての正月明けに持ち越された。

改築は洋間の床だけ予定した期日に間に合わず、根太がまるまる見える状態のまま、アパートは結婚式の前日引き払った。家に戻れた猫は、大人しかった。洋間の根太の中に入ってしまわないことを念じ、式後ホテルに一泊、留守にするため、猫の寝床に湯たんぽを置き、東京に向かった。

年明け、ファミリーレストランの一画に家族が集まった。開放的で雑然とした場所の方がよかった。地元の肺専門病院で、間もなく気管支内視鏡検査、その後入院、手術になることが予定される夫に関する話し合いだった。

「術後、仕事がしやすい地元の病院でいい」

と主張する夫に、次女は手術症例の多い病院を勧め、友人にT医大出身者がいて、詳しい内容を聞いた上での説得だった。夫は一言、

「分かった」と応じた。

二月に入り、テレビでも名の知られた先生の初診者対象の診察日が分かった。暮れにたまたま、その先生のプロフィールや肺に関する専門的な内容の新聞記事を目にしていた。

転院するための紹介状を書いてもらうのと、カルテの開示を願い出るのは言い出しにくかった。診察日程を遅らせれば一週間ずれ込み、病状も心配だった。一刻の猶予もないと焦った。

思いきってカルテ開示を口にすると、当然、面白くない表情をし、急にはできないと言われた。翌日がK教授の診察当番で、土下座してでも出してほしい心境で、午後は回診があって忙しいと言うのを無理押しし、夜までには書いておく承諾を得た。

翌日、朝からみぞれだった。外は凍えそうに寒く、高速バスの中で、「少し休めば」と言うと、
一点を見つめたまま、耳には入らないようなこわばった表情だった。

東京駅に次女が待っていて、

「よかった」

「後で連絡頂戴ね」

すぐ娘と別れ、新宿に向かった。

K先生は、カルテに目を落とすと、下線を引くような仕草で指差しながら、くいいるようにして読み、
「遠路はるばるようこそいらっしゃいました」
「一生懸命見させて頂きますよ」と言い、
その後、胸の画像を見、

「これは、そうとう煙草を吸ったな」

「いえ、煙草は一本も吸わない人です」

明らかに受動喫煙だった。事務所に来る人の中には煙草を手放さない人もいた。

そして、

「遠くから来ているから、今日やれる検査はみんなやるようにしましょう」

と予約なしで、受けられる検査を手配してくれた。

「最初の病院で診断が下っても、同じ検査を当病院でも確認しなければならないから」

と、CT検査をしたら、結果がステージ5と言われ動揺した。

その区分けはステージ1がガンではない。ステージ2がガンかどうか分からない、ステージ3がガンの疑いがあるという意味で、ステージ5とはガンであることは間違いないことを表しているのを早合点した。途中、何回か娘から電話があり、そう言われた段階で連絡してしまった。娘は降りる駅をいくつか見過ごすほど頭の中が真っ白になったと後で聞いた。

その頃、腰に痛みを伴う違和感があって、転移も考えられるので、整形外科も回り、問診の後に別館でＭＲＩの検査があった。

結果はこれからで、帰りに近くの公園のベンチに腰掛け、近寄ってくる鳩にカステラのかけらを撒いた。生き物が幸運を呼ぶとは思わないが、祈りながら施すことが心の平安を招き、以前より今の方がずっといいと思えた。

高速バスの中で、

「来てよかったでしょう」

と声を掛けたころには、閉じられた幕が開き、薄明かりが見えたような顔つきで頷いた。

後日、掃除機をかけていた時、電話が鳴った。それは病院からだった。整形外科からで、

「ＭＲＩ検査の結果、お話ししたいことがあります」

この時もわざわざ自宅にまで電話がかかってくることに動揺した。

後日、整形外科で画像を見せられて確かに影が写っていたが、整形外科医の診断は、小さいころに打撲したことがなかったかということが考えられるので、様子見で、明確な転移の疑いはなくなった。

手術は二月二十九日と決まった。その年、閏年《うるうどし》だった。

前日は家にあるものの中で、使ったこともない取りあえず大きく、横長の不細工なバッグに入院に必要なものを詰め込みバスに乗った。途中、夫が仕事関係の書類を提出する、県の検査機関の顔見知りが乗り、異様に大きなバッグを見て可笑しそうな顔をした。その理由を明かすわけにもいかず、話題を変えようと、「Sさん残念でしたね」と言うと、

「まもなく一年になります」

Sさんは、朝、職場に着いて急逝された。三十二歳という若さで大動脈瘤だった。

夫の手術は、四、五人のチーム編成のもと、手術前に家族が呼ばれ、執刀医のほ

うから、どういう方法で手術するかの説明があり、長女が、

「あばら骨一本切り取って大丈夫なのですか」

と質問した。


腫瘍は初期状態だったが、手術によって左肺上葉部を失った。


車椅子に乗せられ手術室に向かう時、受付にいた中年男性にシャッターを頼んだ。夫の後ろに四人並び、全員ピースしたら、

「こんな患者は初めて」と言う。


どれくらいの時間がかかったのか思い出せない。

夜の八時ごろ、夫はストレッチャーに横たわった姿で相部屋に運ばれた。背中にメスが入った体は寝返りも打てなかったが何度も向きをかえた。

ここまでを見届け後は娘達に頼み、私はぎりぎりの時間、東京駅からの最終の高

速バス乗り場に向かった。

車は高速バス入口の駐車場に止めてあって、そこから自宅に着くと夜中の十二時近くになった。猫が心配して待っていて、帰らないわけにはいかなかった。

私の顔を見るやヴィヴィは急いでトイレに向かい、ずっと我慢していた尿を勢いよくした。帰らない私を待ち続け、真っ暗な部屋の恐怖と、猫の遺伝子が持っている、敵に尿の臭いを嗅がれ襲われる不安の名残とが入り交じって、入院中の家族の不在は猫にとってもストレスになった。

頭を撫でてやり、焼いた魚を少しと、習慣の毛のブラッシング、歯も拭いてやる。寒がりのヴィヴィに、冬場の湯たんぽは欠かせなかった。いつもなら猫の毛布を温めて私の寝床の足元に置き、寝る時その毛布に手を入れると眠いながらも満足した声で応えた。娘の所に泊まって夫の世話をするのが私の体に負担はなかったが、猫は膀胱炎を心配するほどぎりぎりまでトイレに入らないでいたから、放っておけなかった。血混じりの膀胱炎は油断するとなりやすかった。

夫の早い回復を考えて作ったスープを冷凍してクール便で送り、娘が病院に運んで飲ませるリレー式をとった。一週間毎日、東京往復は待っている猫に支えられた。ふわふわの毛は癒しだった。

退院後、初めての外来診察は執刀医のU先生だった。診察担当医が曜日ごとに書かれた一覧の貼り紙を見た時、K教授三月退官と代わりの新任の担当医名があった。二月上旬、不安を抱えての受診だった。緊張をほぐすように受け止め、遠くから何度も足を運ばなくともいいようにと、その日にやれる検査を手配し、U先生を筆頭とするチームを編成し、術後、数回の回診で励ましてくださった先生。もし転院するのをためらって遅れたら、出会うことはなかった。わずか一か月、すべてを見届けたかのように退官された。

なぜ、あの日だったのか。

ここでも、「偶然」という名の恩寵を感じた。

日常がゆっくり戻りつつあった。

車を三十分走らせたところに、千波湖《せんば》はある。三大名園の一つ、水戸市の偕楽園の南東に位置し、周囲三・一キロメートル、白鳥や黒鳥を見ながら遊歩道は散歩コースになっている。

千波湖には、グレーの羽毛の子どもを伴って黒鳥が泳いでいた。


桜川に面した方に黒鳥の番《つがい》を見つけると、雌は身動きせず丸まって卵を温め、一メートルぐらい離れた所で、雄が藁を掬い上げ近くに置いている。後から巣に運ぶのだろうか、盛んに探していて、近づいても無防備である。さらに進むと雌と雄が、カーン、カーンと甲高い声を上げて首を擦《こす》るような仕草で睦み合っている。その近くに蹲《うずくま》って温めている雌のお腹の羽毛の下から二羽ヒナがはみ出ていて、傍らで父親の黒鳥がしっかり見ている。

そこを夫と一緒に歩きながら、ある新聞記事を思い出していた。猫との暮らしの中で感じていたものが、夫の病を経験することで、さらに鋭敏に反応した痛ましい事件だった。

――大きな羽を広げて抵抗する白鳥、黒鳥を八羽とも次々に撲殺したのは中学生だった。その抵抗する姿を面白がって血溜まりになるほど傘を振り回した――

人間に警戒心を持たず、湖面から遊歩道に上がる黒鳥や、ヒナを温めている白鳥を殺すのはわけないと思った。

術後、久しぶりの散歩だった。

生死を意識した時期から回復に向かう過程にいた。ヒナを守るのに必死に大きな羽を広げ、頭や首の骨を折られて死んでいった鳥のことは容易に想像できた。

その後、親鳥が温めていた卵は、二十キロ離れたK動物園に運ばれ、人工孵卵器に入れられたが六つとも孵らなかった、という記事を目にした。

毎年梅まつりの時期、三千本もの梅に魅せられ、全国から観光客が絶えない。喧噪の中、事件は遠方の人には知られないまま、湖岸べりは、何事もなかったかのように、いつもの風景が広がっている。

ポルとの別れ

この年の二月、東京は今まで経験したこともないほど、立て続けに雪が降り白一色になった。

東京駅に近づいてスマートフォンの電源を入れた時、目を疑った。

夫からのメールで、

――今、電話があった。ポルが亡くなった――

娘の住んでいる所まであと数駅。メトロに乗り換えて一つ手前で降りてしまい、出口を見失った。遅れて着き、娘の嗚咽で現実を知らされた。

ワンフロアのソファーに毛布に包まれ横たわるポルがいた。

娘が語り始めたのは、

「朝六時頃、傍らの枕の上で、『こほっ、こほっ』と二回、空咳をした」

「そのあと脱力、目開いたまま舌出して、あまりにもあっけなかった」


「ポル、どうしたの、どうしたの」

「パニックになった自分と冷静な自分がいて」

「うそ、ポル死んじゃった」

「震えが止まらず、何回スマホしても」

「普段から、何があってもいいようにしていたはずなのに、何に登録したかも思い出せなくて」

外に飛び出して、犬の散歩をしている人から、近くの動物病院を聞いた。一緒に行ってくれ、ガラス戸に電話番号があった。

「こういう状態で動かないのです。今、病院の前まで来ているんですが」

と言うと、無言の後、

「じゃあ舌の色を見て」

キャリーバッグを開けて震えながらポルの口を開けて、

「ベロの色は青っぽいです」

「息はしてますか」

「自分の脈で分からないです」

獣医師は冷静に、

「じゃあ死んでます」

「じゃあもう何もしようがないんですか」

「そうですね」

無言で切れた。


（四つ上の）姉に（すがる思いで）電話し、

「ポル死んじゃったの」

（突然のことに、何言っているのか呑み込めず）

「えっ、えっ！　えっ、えっ！」

「今、先生に死んだって言われたんだけど、死んでないの」

「頭おかしくなったのかなって、後で言われた」

「バッグ開けてポルを見たら、おしっこがダラダラ出ていて、（生きているかもしれない、死後硬直かもしれない、でも生き返るかもしれない）と思った」

切迫した状況下で、以前住んでいた横浜にある、夜間動物救急センターを思い出し、国道2号でタクシーを拾った。

「こちらに連れてきてもいいですが、死亡診断だけになってしまうかもしれないし、救急料金も掛かってしまいますが」

「それでもいいです」

午前七時三十二分死亡、最終的に診てくれた時間だった。

「昨日まで元気だったのに」

と言うと、宿直医は、

「猫ちゃんはぎりぎりまで病気を隠すから、自分を責めないでください」

「心臓マッサージをしたら、生き返ったんですか」

「心臓に空気を入れることなんか難しくて出来ません」

その時初めて泣いた。（ああやっぱりポル死んじゃった）やっと現実に戻った。

「猫ちゃんのためにも、悲しむのは今日だけにしましょうね」

と言って、舌を入れ、詰め物をしてきれいにし、手を綾に組んでくれた。

タクシーに乗って、

「顔を見ようとしたら、その先生は、霊柩車を送るようにずっと頭を下げたままだった」

平成二十六年三月二十九日、「ポル」という名の猫が急死。娘が飼っていたロシアンブルーで、僅か六歳だった。

その年の二月、次女の家に三人が集まり、校正に時間がかかっていた。例年にない大雪で、下の娘は、いつも通りエアコンは付け、キャットフードと水の用意はしてきても、ポルは一日、マンションの一室で留守番だった。

何か重大なサインがあって見逃してしまったのか、それから亡くなるまでおよそ二か月。猫は、自分の弱った体を敵に悟らせない習性からか、病気があっても隠すという。何が原因だったのか分からない。

ペットショップで出会った猫はヤンチャで元気だった。犬猫の繁殖に関して病気になりやすい指摘も聞く。無邪気な姿に惹かれ、内臓系の疾患までは気付けない。

ポルは娘と出会うまで長い間ケージに閉じ込められていた。その猫を抱いてみたいと思う人が現れない限りケージを出ることはなく、餌と排尿、排便の始末だけが店内での人との関わりだった。活発な体をセーブされ誰にも慣れない、人をよく見る猫だった。ロシアンブルーという猫の気質からくるものなのかは分からないが、うっかり頭を撫でようものなら猫パンチが飛んできた。生後二か月とか可愛い盛りが売り時で、体が大きくなると値段は下がるとも限界だった。

ポルとヴィヴィの接点はその二年前の六月。

ポルは四歳、全力で廊下を疾走する元気な若い雄で、一方ヴィヴィは十四歳、年老いて動作はのろく、性格もおっとりだった。当然初対面から廊下で向かい合うと、「ウゥーゥー、ウゥーゥー」と唸り声を上げ、背中の毛を立てて二匹とも一歩も譲らなかった。

ある夜遅く、インターホンが鳴った。

現れるはずもない娘が立っていて、横浜からどうやって来たのか、猫に何かあったのかと思って聞くと、首を横に振りキャリーバッグの中にいると言う。ストーカーまがいの事件に巻き込まれ、車を出してくれたのが幼なじみだった。東京のマンションを見つけるまで一か月、二匹の猫は初めて自分以外の猫と関わることになり、その後は二度と会うことはなかった。

娘は、住宅物件情報を捜しながらも夫の仕事を手伝った。朝からCAD（コンピューター支援設計）を引き、夜戻ると、玄関まで出迎えるポルに、

「ポル、ただいま。おりこうだったね」と声を掛けた。

若くエネルギッシュな猫に手を焼いていることを察しながらも、よその家に居候して肩身の狭い思いをしているだろうポルをねぎらった。娘の顔を見、声を聞いたポルは、

「ニャァーン」

とこれ以上ないような甘えた声を出して仰向けになり、犬がちんちんする時のように両手の先を丸めて胸元に当て、体をくねらせた。まるでラッコの姿だった。娘には無防備に体を委ね、私には、自分の家ではないことを知っていて遠慮がちに用心していた。

止めても決して大人しくならない、若い猫のエネルギーに圧倒され、日に日に我

慢の限界だった。改築して間もない、張り替えた廊下を端から端まで全力疾走し、台所からまた折り返して疾走する。引っかき傷は増え、ふと見ると玄関の飾り棚に上がり、繭《まゆ》とヒゴで作った繊細な小物を口にくわえて振り回し、ヒゴの一本は折れてしまう。猫同士、会わないよう仕切り戸を閉めておくと、ガラスの格子になっている、その華奢な木目の桟にぶら下がって台所の方を覗いていた。

幼児期はケージの中、その後はマンションの一室でしか過ごしたことのない猫は、好奇心いっぱいで、無邪気だった。あまりに全力で疾走するポルに対し、先住者のヴィヴィは近づいて諫めるように威嚇すると、ポルはすごすごと引き下がり、ヴィヴィの存在感を見せつけた。そうかと思うと、廊下の先の寝室にいるポルが、気になり、時々行っては、ポルのキャットフードを食べていた。カロリーを抑えたヴィヴィのものとは違って、食欲を増す味だったに違いない。

ある時、仕切り戸が開いていた。いつの間にかポルは、洋間を抜け子ども部屋の北側の出窓に座っていた。南側の出窓は広く、遠くまで風景が映るが、ヴィヴィ専用の場所はマナーをわきまえていた。狭い陽の差さない、住宅だけ見える出窓でも、いつまでも飽かず眺めていて、後から思うと、引っ越したマンションの六階の一室から、プレーンシェードを開けた場所に、必ずポルが座って夜景を眺めていた姿と重なる。外の世界に触れることもなく、ずっと外を見続けていた姿は、猫にとって、私の中でも消えることのない時間だった。

新たな生活に向かおうとする朝、キャリーバッグに入った猫を見ると切なかった。猫は自然のまま動き回ったにすぎない。何か込み上げるものがあったのは、馴染んだ時間であり、それが永《なが》の別れになるとは思っていなかった。

机の上には、傷だらけにした非を詫び、でもポルには、どんなにか楽しい日々だったでしょう、という手紙が残され、ヴィヴィは、それからの数日、ポルがいた寝室の方へ何度も足を運び、確認しては、翌日も繰り返した。

娘は、記憶を手繰り寄せるように、誰かを必要としていた。そして話を続けた。

「ポルの誕生日は三月十三日、六年前の六月、ペットショップのショウケースの中に珍しい豹柄のオシキャットの雌猫と一緒に入っていた。ポルはまだ三か月で、ヤ

ンチャで、私が行くと、（あー来たー）というような顔で喜んだ。雌猫の方は（あ
あ、自分は出されないんだ）と思って可哀想だった。雌猫は、ポルのことが大好き
で、いつも目の上の禿《は》げた部分を舐めていた。ポルは出してもらうと嬉しくて、棚
の上を走り回って、商品を倒してしまうほど喜んだ」
「ポルってどんな時でも脇にいるだけで、ゴロゴロしていた。いつも私といたかっ
たのかなと思う」
「ガサガサやっているると来るし、トイレに行くと、トイレの下にもぐって待ってい
るし」
「帰ってくるとダイブして肩に乗ったり、横になると背中に上がるし」
「ポルの安らかな顔が、ポルの私への優しさだったんだと思う」
「私が家にいたこと、たとえちょっとでも買い物に行った時でなく、家にいた時死
んだということ、私のためにそうしてくれたんだろうと思う」

猫は十分な愛情を受けるとそれで満足する、と聞いたことがある。

たっぷり遊んでもらった後、そのまま横になっただけの、まだ温もりが残っているような、幸せな日々を彷彿とさせる、無心な、微笑みすら漂う顔だった。

グリーンの目は閉じたまま、青みがかったグレーの毛並みが完璧なまでに美しくも見えた。

夜までに家族が次々に来た。

夫は線香だけを手に、百キロの道を走らせた。長女夫婦、次女はパステル系の花を注文した。白い紫陽花、白いカラーにマーガレット、雛菊、黄色のフリージア、そして白い蕾の桜の小枝があった。綾に組んだ手にそっと差した。

「桜の咲く頃には思い出すね」

ポツンと次女が言った。

翌日は雨風の強い中、上野の桜が満開だった。ポルの手に差した桜の小枝の蕾が開いていた。

別れの朝、陽が差してきて、ポルの顔の周りをパステルカラーの花で埋め、前の日まで遊んでいたおもちゃ、いっぱいのネズミのおもちゃ、キャットフード、缶詰、手紙と写真を添えた。

家族が去り、一人虚ろな心と向き合う。

朝、ポルが付けたシーツの穴、カーテンのはずれ、風呂場の脇に置かれた洗面器の水、キャットフードの容器、どこにもポルがいる。狭いマンションの一室がこんなにもだだっ広く感じられる日々。

いなくなってから二か月、益々いないことの空白と不安が押し寄せ、ざわざわと体を走る。プレーンシェードを少しロールした窓に、車の行き来する赤いライトが映り、在りし日、ポルも、道行く人や車に引き寄せられて覗いていた日々を思う。生き生きと今を感じられず、ぼうっと道を歩きながら、ずっとポルの姿が失せることはない。

これから先、笑えるのかと思いながら、アロマの店に向かった話をしだした。

偶然と言おうか、お花のお礼にと生花店を訪ねると、ポルを火葬した日に閉店していた。

アロマの店で、

「あなた、いつも笑っている人でしょう。あなたならできる。悲しみによってパワーが無くなっている。客観的に上から見て、悲しんでいる自分と生き生き笑っている自分とどっちがいい」と言われ泣いた。

「やるだけやったらそれでいい。動物卒業」

その後、「同じように動物の死を経験した副住職から『虹の橋』（作者不詳）という詩を教えられた」と言った。

――天国に行く前に虹の橋を渡ってから行く。そこは草原みたいに楽しい所で、動物がみんな遊んでいる。一生人間に愛されなかった子も虹の橋に行く
――

「いつまでも悲しんでいるとポルが天国に行けない。今は悲しいけれど、またポルが自分の所に来るだろうと思った。ポルを見ていると、足を開き、たまに人間みたいに思えて、輪廻転生というか、ポルは、人間になりたかったのかなって思った」

「ポルの毛がいっぱい付いたタオル、爪研ぎに残っていた爪、ポルの抜け毛、ポルの遺体から型を取った鼻と左手の石膏、ポルが生きた証として大事にしまってある」

「悲しいとは思わない。また会えるから」

娘は他者からの言葉を受け止め、無理やり自分に言い聞かせ、立ち直ろうとしていた。

どうにか時が解決し、この先ポルとのいい思い出が蘇る日もある。一方、人間の心は幾重にも複層になっていて、色々な経験を重ねても、奥底で眠っているだけでそれとは気付かれない形で、ある日、突如噴出する。

不条理な出来事だった。

インドの貧困の中で、路上で亡くなる名も無き人でも、死ぬ前に抱き留めて一度でも愛されたと実感できることで、幸せに生を終える。と身を以《も》って示したマザー・テレサ（マザー・テレサ＝聖人。マケドニア生まれ。神の愛の宣教者会を設立）の言葉を借りるなら、ケージの中で、買い手が見つからないまま、どんどん成長し、あるいは処分ということにもなりかねなかった一匹の猫は、十分、たっぷりな愛を受け、たった六年でも、全生涯分を生きたかもしれない。

ポルが亡くなって三か月過ぎた頃、季節は夏だった。

三人で自由が丘をショッピングしていた。

次女が、「虫！」と、ピシャッと三女の腕を叩いた。

「殺さないで！　ポルかもしれないのに」

「虫がくるとそう思うようにしたの」

「ポルかもしれないって」
「いっつもいたから」

ある本を読んでいたら、次のような箇所に目が留まった。

「ケルトの信仰によると、亡くなった人の魂は、動物とか植物とか無生物とか、なんらかの下等な存在のなかに囚われの身となり、われわれには事実上、失われている。ところが多くの人には決してめぐって来ないのだが、ある日、木のそばを通りかかったりして、魂を閉じ込めている事物に触れると、魂は身震いし、われわれを呼ぶ」

マルセル・プルースト作／吉川一義訳『失われた時を求めて1　スワン家のほうへⅠ』岩波文庫

いなくなったことを信じたくない人間には、あらゆることが、まだどこかに魂のようなものとして漂っていることと結び付けてしまう。

私の場合もヴィヴィが亡くなってから、何度もそう思ったことがある。

サルスベリの花もその一つである。

もともと建築士会で配布された苗木を、持ち帰ったもので、所かまわず、陽も差さない所に植えてしまった。木々の間に挟まれ、塀で遮られて光が弱いのと、肥料の気配りもないので、何年経っても咲くに咲けない花だった。

車を走らせていると、八月、九月の盛りにはどの庭にも、薄いピンク、ローズピンク、赤紫、つい最近では数寄屋造りの和風料理店の庭先に、白色のサルスベリが目に映る。ライラックほどではないが、こんもり咲いて密集していても鬱陶《うっとう》しくないのは、八月は花が少ないからだと気付かされた。

サルスベリのことを書いた「百日紅との別れ」と題する記事。

筆者は俳人で、寒肥と剪定を欠かさず大切に育て、人目をひくほどの花を咲かせていたが、年とともに花くずと落ち葉の掃除や手入れが出来なくなり伐採を決心。名残の百日紅を仰ぐ肩に花びらの紅がこぼれ、終活の中で最もつらい決断だったという内容で、見事なサルスベリが想像できた。

どうしたらたわわになるのか、庭にあるサルスベリは、いつでも小さい葉だけだった。冬は枯木と思うほど、枝は手で触れたら簡単に折れ、抜こうか躊躇《ためら》っているうち、春になると芽吹き、少しずつ葉だけは伸びていた。

ところが、猫が慢性腎臓病で病院通いをした年、ベランダ越しにローズピンクの花芽を一つ、(あれは何だろう)と思うほどの赤い色に、近づいてみるとサルスベリの花だった。舞い落ちた花びらが一つだけ、葉の上に乗っているような咲き方だった。

元気なころだったらベランダは歩けたのに、外にも出せないほど弱り切った体の猫を抱いて花芽を見せた。庭に咲いた最後の色になった。

翌年、一回だけ同じ時期に、サルスベリの花とは言い難いが、それよりも少しだけ花芽が増え、その後二年咲かずにいたものが、翌年九月の彼岸入り、四年目の命日が五日後に迫って、花芽一つが三か所、赤紫に咲いていた。供養するかのように、ひっそりと咲きだした祈りの花に見えた。

それからは、全く咲かなくなった。

ただ回復を祈って植えた「夜明け前」という名の薄いピンクの娑羅だけが、毎年その時期、花を咲かせるが一夜にして落ちる。


私が五歳ぐらいの時だったか、家の中に蛾が入ってきた。それを指差して母が、「あれは美代ちゃんだよ」と言った。

母は男三人、女六人の九人兄弟で、下から三番目、すぐ下の妹が美代ちゃんだった。二十代の終わり、盲腸が化膿して腹膜炎を起こした。結婚していたが子どもはいなかった。

母の実家の田舎に連れられ、布団に寝ている美代ちゃんを見舞った。枕元には、覗き込む祖母の顔があった。多分、危篤状態だった。写真を見ると、清楚で利発な美しい人だった。

今だから分かるが、何にでも、大事なものの幻影を探し求めたくなるし、母は美代ちゃんだと確信していたかも知れない。

書　名				
お買上 書　店	都道 府県	市区 郡	書店名	書店
			ご購入日	年　　月　　日

本書をどこでお知りになりましたか?
1.書店店頭　2.知人にすすめられて　3.インターネット(サイト名　　　)
4.DMハガキ　5.広告、記事を見て(新聞、雑誌名　　　)

上の質問に関連して、ご購入の決め手となったのは?
1.タイトル　2.著者　3.内容　4.カバーデザイン　5.帯
その他ご自由にお書きください。
(　　　)

本書についてのご意見、ご感想をお聞かせください。
①内容について

②カバー、タイトル、帯について

弊社Webサイトからもご意見、ご感想をお寄せいただけます。

ご協力ありがとうございました。
※お寄せいただいたご意見、ご感想は新聞広告等で匿名にて使わせていただくことがあります。
※お客様の個人情報は、小社からの連絡のみに使用します。社外に提供することは一切ありません。

■書籍のご注文は、お近くの書店または、ブックサービス(0120-29-9625)、
セブンネットショッピング(http://7net.omni7.jp/)にお申し込み下さい。

郵便はがき

料金受取人払郵便

新宿局承認

7552

差出有効期間
2024年1月
31日まで
(切手不要)

1 6 0-8 7 9 1

141

東京都新宿区新宿1−10−1

(株)文芸社

愛読者カード係 行

お名前《ふりがな》			明治 大正 昭和 平成	年生　歳
ご住所《ふりがな》	□□□-□□□□			性別 男・女
お電話 番　号	(書籍ご注文の際に必要です)	ご職業		
E-mail				
ご購読雑誌(複数可)		ご購読新聞		新聞

最近読んでおもしろかった本や今後、とりあげてほしいテーマをお教えください。

ご自分の研究成果や経験、お考え等を出版してみたいというお気持ちはありますか。

ある　　ない　　内容・テーマ(　　　　　　　　　　　　)

現在完成した作品をお持ちですか。

ある　　ない　　ジャンル・原稿量(　　　　　　　　　　　　)

ヴィヴィが亡くなって一年後の命日、一通の封書が届いた。

差出人は猫、肉球の足跡が刻印されてあった。中の葉書の表は、ドレスを身につけた猫、中折を開くと、

「たくさんの愛情を注いでいただき、ヴィヴィはとても幸せでした」

「これからは蝶となり、あなたをいつも見守っています」とあった。

次女からのものだった。

同時性（シンクロニシティ）

かつて若く元気だったころ、冬の寒い日でも一足早く起きた猫は、ベッドから降り、居間に向かった。風邪を引かせたら大変と後を追って、ガスファンヒーターを点火すると、五つ折りの細長マットレスに仰向けに、両足浮かせて暖を取り動かな

かった。気持ちよさそうで、冬場のガス代は目をつむった。

老いて、もう寝室のベッド（高さ四十五センチ）から飛び降りる力が無くなってきたころから、寝床は客間に布団を敷いた所に移った。

亡くなってから、畳替えが必要になり、裏が使えるよう張り替えてもらう時、その思い入れがある話をしたら、畳屋さんは、表莚の一部を切り取り、ぐるぐる巻いて渡してくれた。それは遺品の一部になった。

ある日、夫が言った。

「今日は暖かいから出窓に来てるんじゃないか」

縦一一〇センチ、横一八〇センチが二面、東と南に張り出した全面ガラスの出窓がお気に入りで、そこには知人の大工さんにオーダーした長さ一八〇センチの柱を置いた。

あらゆる所に段ボール地の爪研ぎを置いたが、どの柱にも爪を立て、えぐられる前に木目調のビニールで覆った。オーディオの網目は爪を立てるのに適し、京壁にもひっかき傷を作ったが怒るに怒れず諦めた。

隅柱と同じものは猫の格好の爪研ぎになった。全面ガラス窓から午前中いっぱい太陽の光を浴び、空も、木々に止まる鳥も見てまどろみ、猫らしくいられる場所だった。高さ九十センチの出窓に上がるのに、三段の階段踏み台を置いた。そこをめがけて上がっていく足音、車を停め、玄関を開けると、(きた!)と急いでトントン降りてくる音。

晩年は自力で上がり降りできず、抱いてそこに置き、抱いて降ろす場所だった。綺麗好きで、元気なころだったら粗相などしたことがなかった猫が、尿が出にくくなり、出窓に置いたまま、気付いた時は尿漏れするほど弱っていった。

猫が使っていたものをかたづけた空間にいることは、しばらく耐えがたかった。ヤンチャなころ動き回った各部屋には猫の匂いが詰まっていて、それがただ、のっぺらと広いだけに思えた。この空虚を埋めるように、玄関に通じる廊下のつきあたりの壁の絵を替えた。

それはチェコ、プラハのカレル橋で見つけた、画家の卵が描いた自作の絵だった。しまい込んだまま五年も経っていた。

若い画家の何枚もの絵の中から、

「これは妻が描いたもので安くできない」

という作品を一目見て、心に留まった。その頃、猫はまだ元気だった。

絵は、尖ったもので引っかいたようにたくさんの鋭い線で覆われていた。目の大きな女の人が、右に頭を少し傾け、猫に手を添えようとして届かず、膝の上の猫の目はブルーだった。女の人はただただ悲しいだけのこらえた顔で、よく見ると左目の下に、小さな涙の雫が一つ。大きな帽子の陰で、額から右顔半分、首はブルーに染まり、背景はくすんだ黄土色。油絵と水彩が混じった作品だった。

「作品を創ろうとする時は、病気でも健康な猫にしか作れない」

ある人が言ったような、猫は、池田あきこの「ダヤン」とか、『100万回生きたねこ』の絵本に登場する「とらねこ」に似た、きかん気で自由、無垢な顔付きをしていた。

もう一点は、ポーランドで出会った。

観光地に行く橋のたもとで、イーゼルに置かれた小さな油絵だった。行く時目に留まり、帰りにも気になった。シルエットのように黒く描かれた二匹の猫は、ポルとヴィヴィの姿に見えた。ヴィヴィは病気が進行しつつあった時で、ポルは、すでにこの世にいなかった。


空に星が瞬き、五階建て石造りの白っぽいアパートらしき建屋が右側に、真っ直ぐ行った先は曲がり角、正面の茶色のアパートを一本の街灯が照らし、石畳のある左端手前に二匹の猫。右の猫は頭と顔が丸く、左の猫は四角張って少し大きく、ひそひそ話でもしているように寄り添っている。夜の帳がおり、家々からは明かりが漏れるも、誰一人通りを歩く人もなく、二匹がこれから街に繰り出すには、誰にも邪魔されない。

絵は小さいのに、ガラス入りの額が重すぎて、襖を背にたてかけた。その部屋は、すり鉢状の爪とぎ段ボールベッドが置かれ、猫が丸まるとちょうど収まり、元気な頃も、病気になってからもそこが居場所だった。

猫が亡くなって半月しか経たない十月の上旬、ある人形彫刻家を訪ねた。偶然ではあったが、その後の関わりを思うと、会うべくして会った不思議な出会い方をした。遠巻きに知ってはいたが、顔合わせするまでに数十年の時を要した。訪れるきっかけになったのは、その作家の作品の修正を依頼したことだった。後で題を知ったその作品「月の光」は、二人の作家、鉄で作った月のオブジェと合体された立体の少女像で、ひょんなことから手に入れることになった。

宮大工並みの腕を持ち、数寄屋造りを手掛けた大工の棟梁と夫とは懇意の間柄だった。

サイドビジネスとして中華料理店を経営し、店の門構えや建物は無論、内部の細工に贅を凝らした。台湾や中国を度々訪れ、気に入ったものがあれば、飾りや調度品、芸術作品、骨董の類いまで集め、随所に飾ってあった。屋根瓦は上品な深緑色に輝き、後から店舗を増やした所は五角形にかたどって造られ、持てる技量が注がれていた。

趣味の油絵にも没頭し、もともと世話好きな気性から、所属する会のまとめ役だった。仲間が個展を開けば買い求め、自宅には描きためた自作品と共に、鑑識眼にかなった芸術作品が数多くあった。「月の光」もその中の一点だった。

大工仕事をやめ、中華料理店は子どもさんに任せ、絵を描きながら悠々自適の生活が続くはずだった。ところが厨房を取り仕切った料理長が交代してから、グループでの利用客が減り、少しずつ経営が難しくなっていった。家賃の滞納が続き、大家さん共によく知っていた夫も交渉に入り、店の方は和解が成立するも、抵当に入っていた自宅は競売。屋根の切り妻の部分に屋号まで入れて精魂込めて造った家を追われた。

車で通るたびに、色合いの美しさに見とれた中華料理店の屋根瓦は、人手に渡ってのち、地震で一部崩れしばらく放置。修繕された時には以前のような深緑色ではなかった。去っていった人の色彩に掛ける執念を知っているだけに、見たらどう感じるか想像するのは忍びなかった。

「禍福は糾える縄の如し」(『史記』)という言葉が表すように、人生はそのまま続くわけではなく、良いことも悪いこともいつ身に降りかかるか分からない。

そして、結局、あれほど精巧だった建物も、代替わりした末に壊された。

人間味に溢れ、私どもが見知らぬ土地で仕事をスタートさせた頃から、手を差し伸べてくれた恩人でもあった。長い付き合いが、最後は諸々の整理、処分という形で終わった。自宅にあった数多くの芸術作品は、親しい人や世話になった人に分け、借金返済の一部になり、自身の絵も処分、油絵に没頭できた最盛期に手にした「月の光」は私の家に届けられた。

高さ一二〇センチ、幅四十五センチ、夜ライトが灯ると昼と夜の表情は微妙に変わり、微笑みをたたえて、球体の鉄のオブジェに坐した少女。

見てすぐに作者は分かった。その作品を置くだけで部屋は一変し、芸術的な光を放ち、手放した人の無念を感じながらも、作品の威力に魅せられた。

何年間か眺めながら、汚れが気になっていた。もともとは真っ白だったと思い込んで、少し湿らせた布で拭いては、消しゴムで擦り、危ないことをしていた。

この時期に、なぜ人形彫刻家の家に電話しようと思ったのか、心の隙間を埋めるために、廊下の絵を替え、ヨーロッパで買った絵を居間の襖にたてかけた。そこには「月の光」も置いてあり、ふと、白く着色できるならと思ったことが偶然だった。何もない時なら電話も躊躇したが、喪失感を抱えた勢いがさせた。

ご家族から、フランスで個展の最中と伝えられ、帰国を待ってからの電話になった。

単に数多く作った作品の一つと勝手に思っていたが、作家の側は、一つ一つの作品に思い入れがあった。

「実は作品を持っているのですが、修正できますか」

と尋ねると、デパートでの個展で、誰が買い求めたか、しかもその持ち主はかつての仲間であり、現在どういう境遇にあるかも知っていた。

「その方とは懇意にしていた」

どうやって作品を手にしたかを話す必要があった。

「よかったわ。いい人に持っていてもらって」と言った。


丈がある上、立体とオブジェが組み合わされた作品は、繊細で、箱もないので、傷付きやすい所のみ梱包材で覆い、夫に同行してもらい、私が抱える形で運んだ。

真っ白く塗るとばかり思っていたら、汚れていたのではなく、そういう色の作品で、同系色のベージュかアイボリー系からどれに変えたいかだった。

つい、亡くなったばかりの猫のこと、病気の世話と最期の姿に話が及んだ。それに耳を傾け、すっと受け止め、時に真実をつく言葉が返ってきた。

人形制作のお稽古中は、いつもそばで見ていた老犬が、その日だけは、顎をのせるようにして目は見開いたままじっと動かず、生徒さんに、

「これ死んでいるわよね」

と犬の死に直面した時の話をしだした。時間をおかず、同じ種類の犬を探したと

言う。出来れば生き写しを探す人も、飼えないまま時間だけ過ぎていく人も、どちらもその動物に執着する。その時、動物を思う気持ちを分かち合える人になら、猫の置物を頼んでみようと思った。

作家の作品を見ると、レリーフを含む人体、妖精、マーメイド、スフィンクスの他、ギリシャ神話の神々、シェイクスピアの『夏の夜の夢』の登場人物、ダンテの『神曲』に登場する、「パオロとフランチェスカ」などを手掛けるも、「猫は一度も作ったことがない」と言う。

喪失感を抱えた人間の切実さに動かされた形だった。

家にある祭壇は、奥行き四十センチ、幅五十センチしかなく、そこには骨壺、猫の遺影、花入れ、灰置き、水、直前まで使っていた、栄養剤の空き瓶と水を飲ませていたスポイト、般若心経の小冊子等が置かれ、せいぜい握りこぶしぐらいに収まるサイズしかスペースはなかった。

依頼したのは猫を抱いている姿だった。その時に言われた。

「たとえ猫が病気であっても、そういう姿は作品として表現できない。元気な猫として作らざるを得ない」

色付けし終えた「月の光」を受け取りに行った時、作家は持参した猫の写真を何枚もスマホで撮り、イメージを手さぐりしていた。猫は初めてという迷いはあっても、犬の他に猫も飼っていて、全体の動きはその猫を参考に何とか引き受けてくれることになった。

帰りに「月の光」の写真入りダイレクトメールと記事に掲載された新聞を渡され、デパートでの二回目になる個展開催日程に触れ、

「ちょうど、今頃のはず」と言う。

開催日は「十月六日~十月十一日」と記してあり、修正する作品を持って行ったのは十月十一日で偶然にも二十年の時を経て、作者も作品と再会したことになる。デパートでのメイン作品として各紙に取り上げられ、作者も鉄のオブジェに協力した芸術家も気持ちを込めて制作した作品が辿った数奇な運命。うっすら笑みを浮

かべた少女像の彫刻は、その後の猫の物語に行くきっかけとして私に託されたような、しかも偶然はこれだけに終わらなかった。


その後、二度電話が鳴った。

一度目は年明け、作品の仕上がり日を気にかけたように、

「二月末から始まる女流展に出す予定で作品を作っている」

作家には申し訳ないほど収益にもならない大きさなのに、芸術家のインスピレーションというのは日常を超えたところにあることを知った。

ところが女流展が迫ってきたある日、もう一本の電話があった。

近くの喫茶店の中にあるギャラリーでの定期的な作品展の最中で、

「疲労が溜まり、全身蕁麻疹《じんましん》で、あと少しで仕上がるところまできているけれど、今回は仕上がっている別な作品にしようと思っている」と言う。

私は、東京にいる友人にもすでに伝え、楽しみにしていると言われて、無理を承知で、できる範囲で仕上げてもらう提案をした。

「分かった。やってみる」

とは言うものの、細部の着色だけがうまくいかないと悩んでいたので、展覧会中のその喫茶店で待ち合わせることにした。

シャム猫特有のシールポイント（＝顔・耳・手足・しっぽだけが黒のような焦げ茶色をした猫で、チョコレートポイント、ブルーポイント、ライラックポイントは色のつく部位は同じで色が違うだけ）。シャム猫やラグドールの特徴と言われる顔、耳、手足、尾の色、そして青い目を伝えると、すぐテーブルの上の紙ナプキンを取り、書き出した。

いつも作品づくりは夜中と聞いていたので、その日の夜中の二時頃、祭壇の猫の遺影に、

「無事仕上がりますように」と祈った。

後日、その話をしたら、

「ずっと描けないで筆が止まったままでいたのに、その日の作品づくりに没頭していた時、筆が勝手にスーッ、スーッと動き、耳、顔、手足と色が入り、スムーズに

いった」

「時間も二時ごろだった」と言う。

後日貰った手紙にも、

「――あなたとは不思議なことが多く――」

筆が勝手に動いた件《くだり》では、

「――後から聞いてゾクッとした――」と書いてあった。

銀座にあるC堂二階ギャラリーが会場になり、すでに見た娘や、友人からは写メールが入っていた。三十数回も回を重ねた女流選抜展で、油絵、日本画、水彩画、墨彩画、工芸と見ながら進んだ一番奥にその作品は置かれていた。

依頼した大きさをはるかに超え、幅二十三センチ、奥行き十五センチ。高さ二十九センチもある立派な立体で、締め切りぎりぎりまで悩んだ、シールポイントは焦げ茶に彩色され、目もブルーの筆が入っていた。猫は子猫の頃の面影を残したようにキョトンと無心な顔付きをしていた。元気な猫に作られているのに、哀しみが伝わってくる。腰掛けた姿の女の人は、猫に額を寄せ、片方の手で腕を持ちもう片方は足に、――もう人間の力ではどうにもならない打ちひしがれた顔をして猫を抱いている。タイトルに選んだのは「愛しのヴィヴィ」で、作品に向き合う人に共通するものがあるのか、その立体は、自宅廊下の壁に飾ったチェコで手に入れた絵に、よく似ていた。

展覧会後、受け取りに行くと、作業台を兼ねた長テーブルの上に作品は置かれていた。そのテーブルの一直線上の壁に一枚のコピーした絵が鋲《びょう》止めされていた。二つを比べるように、

「似ていると思いませんか?」と言う。

コピーされたものは、フランスのリヨンで開催された創作展に出品された立体で、女の人が、人間にも見える岩石を抱きしめている姿だった。全体的に哀しみが漂っているのは、「夢の欠片」と名付けられ、岩が大地化する前に、１０００年前に輪廻転生を繰り返し、やっと恋人に出会えた物語だからで、人を引き込む力があった。

その作品は、映画「ゴースト」にも出演したことのある女優デミ・ムーアさんの目に留まり、コレクションの一点に加わった話が続いた。

作品は、祭壇に置くには大きすぎて、洋間の方の天然木長テーブルの一画に収まった。慰霊のために依頼したものだったが、目につきやすいと、繰り返し猫のことが浮かんでくる。

月の光

どろっとした目ヤニがどんどん出るようになって、目を覆った。

目ヤニは死の前兆だと書いてある。首は自力で支えきれずぐにゃぐにゃで、私の手を添えないと後ろにだらりとなったままだった。

「早く来て」

東京からこちらに向かうにしても何時間かかるか、娘は覚悟したように、

「机の一番大きい引き出しの中にジブリの曲があるから」

「その中の〝もののけ姫〟をかけてあげて」

それは遺品のように置いてあった。

左脇にブランケットでくるんだ猫を抱いたまま、ラジカセの電源を入れる。

イントロが始まり「はりつめた弓の　ふるえる弦よ　月の光にざわめくおまえの心」と、
遠く森の奥から動物たちに呼び掛けているような、透き通った高い声が木霊するように響いてくると、呼びかけにも応じなかった猫が、うっすらと少しずつ目を開け、ぼんやり意識のない表情だったが遠くを見、聴いているような、顔にも見えた。

夜遅く着いて、その一部始終を動画に撮ったものを見た娘は、胸が塞がる思いだった。呼吸すら覚束《おぼつか》ない変わり果てた姿で、――毎日お風呂の中で歌ってくれた曲――を必死に聴こうとしていた。

死の二日前だった。

毎年夏、最も暑い日に、たらいに湯を張り、石鹸で体を洗うのが習慣だった。大騒ぎで逃げようとする猫をバスタオルにくるみ、ドライヤーを手に乾かすのに焦った。部屋中水滴と抜け毛で一大仕事だった。それが亡くなる前年、もうこのたらいを使うことはないだろうと悟った。そこに沈めても声を出さずゆらゆらされるがまま逃げ出すこともなかった。

体に力が入らず、徐々に病気が進行しつつあった。それに老いが加わった。一年で、人間の四倍も年を取っていく。

次第に寝ていることが多くなり、ファンヒーターの前にいつも横になっていた。病院で腎臓が悪くなっている指摘を受け様子見だったが、どの猫も最期避けられない病気だとしても、もっと自覚すれば違う方法があったのかとも思う。スーツケースを出すと、出掛けることを察した猫は、その真ん中に座り抵抗するように私を凝視し続けていたが、もうその元気もなかった。

キャンセルを迷いながらも出かけ、迎えの車の中で夫に様子を聞くと「ダメだな、弱ったな」から始まった。庭先の縁側から、居間の段ボールベッドに丸まって休む猫に「ヴィヴィちゃん」と声を掛けると、口を開け「……ャーン」と返事するのもほとんど聞き取れないほど弱っていた。

翌日からの治療は猫に負担を強いるむごいものだった。

後で聞いた、「ラジオ動物相談」の獣医師は、動物にはできるだけ痛い思いをさせてはならないと説いた。治療のためとはいえ、そこまでやることは良かったのかどうか、今も痛みとして残っている。「可哀想じゃないのよ」「そういう治療はやめた方がいい、病院の利害」とか、色々人は言うが、目の前で食欲は落ち、足腰も弱っていく動物を前に放っておくことはできなかった。治療を提示されたら回復を願ってそれに沿うしかない。当面私がやれることは、猫を預けている間、噛む力も弱くなった猫が少しでも食べられるように、プライヤーで割り、潰したキャットフードを小袋に分けて帰りを待っていることしかなかった。

連れていくたび胸が潰れそうだった。朝起きると、初めのうちはまだ少しは食べられたが、キャリーバッグに入れるのを嫌がった。ずっと鳴き続け、病院に着いてバッグから出すとブルブル震えていた。猫の腕には一本の血管しかなく、点滴し続けているうち血管が細くなり、そこに針が入らなくなれば反対の手から、残りは首からもありと言われた。腕の毛を剃られて注射針を刺され、六時間もの間ケージに閉じ込められて血液をろ過する、人間でいう人工透析の始まりだった。病院での血液検査結果、クレアチニンの値が高くなっていて（腎臓でろ過されて尿として排出されるため、血中のクレアチニンの濃度が上昇していることは、腎臓の機能が低下していることを意味する）、普通は尿素が尿となって出ていくが、腎臓が悪いと尿素が残ってしまい、やがて食欲も落ち、放っておくと尿毒症になっていく、注意を要する症状だった。

週二回、その治療は四十数回に及んだ。分かってくると診察台に上がるだけで「ウゥーウゥーウゥー」と唸り、「お家帰ろう」と引き取りに行っても怒り狂ったように唸り声で車の中でも収まらなかった。ある時は受け取って、がぶりと歯型を入れ血が滴った。普段、おっとりとして素直な猫には考えられない苦痛の結果だった。

猫は治療とは思わない、いじめられ、家族からも見捨てられたように閉じ込められて、不安、恐怖と痛みを味わいながらどういう思いでいたのだろう。主治医に点滴を頼んだが、見習い獣医師もいて明らかに不慣れで針が入りにくく、赤黒く腫れ上がっていた。

診察台で騒ぐ猫を押さえ、点滴の器具を設置するのに、アシスタントの三人の女性スタッフ、主治医、獣医師がいても誰一人猫の目ヤニに気付く人はいなかった。

飲み水は娘から送られてくる水素水に変え、食欲が無く食べなくなってからは、ネットでビオ（栄養剤）を取り寄せた。七月中旬になると、「二週間に一回、ステロイド剤を注射します」と言われ、ステロイド剤の常用はどうなのか聞くと、「よくないです、でも弱くして、二週間に一回なので」と言われる。

S動物病院に連れていくたび、震えていた猫は、もう震えることもしないほど弱っていき、私が胸元にしっかり抱きかかえた姿を見て、待合室にいた年配の婦人が傍らの知り合いの人に、

「ほら、見なよ。あんなに抱っこされたら猫も幸せだわな」

と、言っているのが聞こえた。ただ必死だった。

ある時、不思議な姿を目にした。子ども部屋のオルガンの前に手作りの小さい踏み台（縦十五センチ、横三十センチ）が置いてあった。まだ少しは歩けた頃、台所で潰したキャットフードを食べると、重心が傾いた危なげな足取りで廊下を通り、誰もいないその部屋に向かった。見ると、猫の頭一つやっと入るその踏み台の下に頭を突っ込み横になっていた。ステロイド剤で少し食欲が出、お腹がすくと台所に、食べるとまたそこに行った。歩けるうちは頻繁で、姿を隠す仕草に、もし自由であったならそっと家を出て死に場所を探したかったのではと思えた。最期に猫は、姿を隠すようにいなくなる。子どもの頃飼っていた猫はみんなそうだった。治療を続けることで、動物と人間が一線を画さなければならないところまで手を出すことを動物は望んでいるだろうか。

死んだかのように布団に寝たままで、もうダメなのかと思ったことが何度も訪れ

た。病院で点滴をするといくらか持ち直し、また二、三日するとクッションベッドで頭をのけぞった形で、それを見た夫は、

「もう終焉だ」

と禁句を発した。布団から起きてもトイレまで行けず途中で漏らすようになり、その後は病状が進むと、尿が出にくくなっていった。やれる限りの事をしようと思った。狭い台所にクッションベッドを置き、熱湯や油がかからないか、ハラハラ注意しながらの炊事だった。手が空けば抱き、残された時間を惜しんだ。いつでも見られるように、独りぼっちにさせないようにした。猫はずっと私を見続け、ある時はうとうとして、目が覚めたら台所の床で朝だった。確実に迫ってくるものに目を背けられなかった。

「介護と看病を出来ることは幸せ」

「亡くなってみると、何でもない日がどんなに幸せかわかる」

ポルを亡くした娘の言葉は、そのまま自分の姿だった。

日に日に弱っていく猫に、最後にしてやれることはないか考えた。一番心地いい

顔をするのは喉を撫でられる時で、それをするといつでも顎を突き出しのけ反った。数か月にわたる点滴治療で、腕は赤紫色に腫れ上がっていた。足も触れる場所で痛がり歩けなくなっていた。七月初日から始め、九月に二回目の動物病院の診察を仰ぐまで――病院が替わってからは皮下注射になり、お腹に輸液がたまるのでいじれなかった――毎日、二か月間、一時間以上かけて、喉から始まり、手、脇の下、足、背中、爪の先まで手を当てた。お腹は長年の便秘のため、撫でるように、注射で固まった腕はほぐすようにして、膝の上に仰向けにしてマッサージを日課にした。夜遅い時間帯にはうとうと居眠りが出て気付いたら猫が膝から落ちていた。


九月初め、トイレの砂に血が混じっていて、かかりつけの病院に電話をする。膀胱炎に間違いないと言い、その砂を持っていきたかったが、慢性腎臓病で尿が出ないのを心配して、膀胱炎なのかどうか、採尿してくれるよう頼むと、

「針を刺して痛い思いをさせることなんて出来ない」

と言う。たまたま診察台に上がった時、尿が出て、

「出た尿を検査してください」

「何のための検査か、今そういう段階じゃない。抗生物質の注射をするかどうかだけ」

それ以上言えず、注射してもらう。二日前のクレアチニンの値をみての判断だった。ひと頃七・五キロもあった体重は、二・八キロにまで落ちていた。十八年間診ていた主治医は、二日前の点滴の際には何も言わず、その若い獣医師への指示もないまま、八日間の休みを取っていた。帰りに、「最期は痙攣が酷くなり、飼い主も見ていられなくなり、安楽死しかない」と言われた。死んだら連れてきた方がいいのか、念のため尋ねると、「電話でいいです」と素っ気ない。「何かあった時には預かる」と言ってくれるが、もうここに来ることはないだろうと決めていた。壮絶な闘病をしながらそういう最期にしたくなかった。

何のあてもなく悲嘆に暮れていた時、娘からの電話だった。

「まだ死ぬって決まったわけじゃないから、納得いくように、前に皮膚で診てもらった先生のところに行ったら」と言う。

翌日、心配して二人の娘が帰省した。歩けなくなって寝ていることが多くなったが、家族の顔をみると元気づいてみんなが食べているのを見ているので、

「ヴィヴィちゃんも食べる？」

と声をかけると、ウォーターベッドから身を乗り出した。やせた体が圧迫されないように、大きめのビニール袋に水を入れて二重にしたものを三袋、段ボール箱に入れパッドとブランケットをセットしたものを即席で作ったもので、やや高い位置から三人が食べているのを見ていた。食欲が落ちた猫が、子猫の頃まだ噛む力が弱く、困って煮沸した鰻を少しだけ食べた時のように口にした。

H動物病院は水泡の時訪ねた所で、先生から、

「そんなに機関銃みたいに言わないでよ」

と言われてしまったほど、私は何とか、先生から「大丈夫」という確信を貰いたい一心で、今までの経緯を一気にしゃべり、気がつくと先生のそばまで動いていた。

まず腎臓の検査をして、見込みがあるかどうかの判断を医師にゆだねることにな

った。最後は連日透析していたので、クレアチニンの数値が改善されていた。S動物病院の若い獣医師は新しく検査せず前のデータでの思い込みだった。おまけに膀胱炎の時、慢性腎臓病の猫に、抗生剤の注射は一番悪いと知った。その上、貧血の数値がぎりぎり悪い状態で、毎日、少なくとも二日間は空けないよう、すぐにも造血剤の注射が必要だった。安楽死には答えず、ステロイドの治療にも口の中を二回見、治ったのかは分からないが、口内炎はないし、ステロイド剤を使う必要があるかなと言いながら、三度目にライトを付けて、口の中をよく確認した。

治療は猫に負担のない皮下注射だった。五分もかからず、首から輸液を注入し、お腹にプールされ、少しずつ体に回っていく方法で、同じ皮下注射の猫がいるからと、休診日は夜にも診てくれ、造血剤注射と腎臓病の治療とに休み返上で当たってくれ二週間続いた。診察台に置くと必ず綿棒で目ヤニをぬぐって撫で、手で尿と便の様子を確認した。猫は唸り声をあげることもなく、されるがまま、穏やかだった。今度はうまくいくかもしれないと希望を持った。

お腹に輸液がたまるので治療中のマッサージが無理になると、できる限りの時間抱っこした。夜は体温調節ができなくなった冷たい足は、子どもの赤い靴下でくるみ、手は私の体温で温めた。次第に、細胞の一つ一つが機能しなくなっていくような臭いがした。

順番を取るのに早朝に家を出、心配していた尿が車に置いた段ボールの中で出ることもあり、開院するまで車の中でずっと抱いていた。台風の日は夫に運転を頼み、冠水した道路を迂回してどうにか病院に辿り着いた。ところが治療を始めて五日目の夜、「ハッ、ハッ、ハッハ」と息が荒くなり、夜、また診てもらうと、腎臓の処置で心臓に水が溜まるようになっていた。

「腎臓は苦しくないが心臓は猫を苦しませる」

と、皮下注射は心臓の様子を見ながら少しの量しか使えなくなった。

病院に入ると、いつもシューマンの「子供の情景」が流れていた。ブランケットにくるんだ猫を見ると、待合室にいた三人ぐらいの人が涙ぐんで、みんな動物の病気を経験して人ごとではなかった。二キロを割るほど、やせて尖った顔を見て誰もがシャム猫だと気付いた。

二週間が経過した九月十九日、開院するまで早朝から車の中で待ち、スポイトの水と栄養剤を食べさせようとすると、いつにない声で、

「ンガー」

と怒り、

「ウーゥ、ウー　ウー」

と苦しみだし、水も飲めない状態で吐き出した。だんだん病気が進行し、はじめ診察台に横たわったままだったが、先生が吐き止めの注射を打つと、その日、元気な姿を見ることができた最後だった。今までの苦痛を伴った治療を、

「この猫にとって良かったんでしょうか」

と尋ねると、

「いや、その間お母さんに抱っこされて、ヴィヴィちゃんは幸せだったろうし、お母さんだって猫といい時間が持てた」

と答える。

猫を心配して帰省していた次女が同席していて、注射された後、待合室で元気を

取り戻した猫の動画を撮影した。（後で送られた、この時の動画は、開けられないままで私のパソコンのデスクトップ上にある）。帰りの車の中でも、病気になって今まで見たこともない元気さで、外を見たがるので抱き上げた。ガラス窓越しに見たM市の界隈がこの世の最後の景色だった。

薬が効いている間だけで、夜にはまた元気を失った。熱でもあってクッションの猫用ベッドに敷いたブランケットが熱いのか、サッシのそばに縦にした段ボールの箱を見ながら、這《は》って、よろけながら移動しようとするので、その箱を寄せると最後の力を振り絞るように、障子の方を見、箱の方を見ている姿が旅立ちに向かうための、迷いのように見えた。最後に一歩踏み出す力はもうないので、手を添えて入れてやる。隠れ家のように奥の方で落ち着きたかったのか、今度は行かなければならないという、誰も止めることのできない死に向かう動物の覚悟を見たように思う。その日から始まる最後の一週間、毎日、奇跡のような姿を私に残した。

翌九月二十日、平たい段ボールの箱に、横たわったままの猫を入れて、外での順番待ちの時間、病院の拭き掃除を終えた老婦人を見つけ、声をかけた。

「先生はお優しい方だから。どうですか」

「もうダメなんです」

「そんなに嘆くと、猫ちゃんが逝けませんよ。私も百匹近く見送ったけれど、みんなそれぞれに思いがありますよ」

「四時間ぐらい、手を握ってやった」

「それがいい、安心する。人間だってみんなに見守られて」と、寄り添ってくれた。

すでに診察の仕様がなかった。前日の吐き止めの注射で、歩けないのに這うようにして動いた動画を見せると、

「落ち着く場所探していたんだ」

「お母さんが気持ちの整理をするまで待っていたんだと思う。立派な猫ちゃん」

猫に優しい治療を施した先生に感謝し、私は、先生にスポイトを渡し、最後に、

「飲ませてください」

と頼んだ。

「このままそっとしておいて。だんだん手足の体温が低くなっていくから」

診察の終わりだった。

時間を置かずに目ヤニを拭い、スポイトを口元に、呼吸音を確かめる状況にあって、「ビオ舐める?」

と声をかけると、

「キュー」

といってひと舐めし、「ンガー」と拒絶。

「きっとお母さんのために舐めているんだろうね。今、もうヴィヴィちゃんお迎えが来ている頃なんだよ、でもお母さんのためにがんばっているのかなあと思った」

刻々と過ぎる時間、客間の欄間を閉め、茶の間の欄間、浴室の窓、トイレの窓と一つ一つ、風が猫の体に強すぎないよう閉めていく。夜遅く冷たくなった左足を握った。夜中、猫に触れると耳も頭も冷たくて、そのままそっとしてーと言われていたのに、たまらなくなり「ヴィヴィちゃん」と声を上げ、ブランケットにくるみ抱いた。死が少しずつ近づいていた猫を自分達の敷布団に置いた時、

「ニャーン」

と今まで聞いたこともない大きい声で鳴き、翌日は、弱々しい体で私の手を舐めてくれた。夫も気付いて、

「聞いたでしょう。あいさつしたんだよ」

と言うと、

「そうだ」

と言った。すでに三日間食べず、鳴きもしなかった。時計は夜中の二時を回っていた。

翌九月二十一日、拭いても、拭いても目ヤニは止まらない。朝、起き上がろうとするので、サッシのそばに箱を移動すると、風の感触、小鳥の声、遠くをじっと眺めている。抱っこして外の空気、鳥の声、庭を見せるが五分も持たずコタッとして私の左胸に寄りかかった。声は上げないが音に敏感で、時計の秒針、猫を抱きながらの咳き込みにも、ボールペンを落としても、ピクッ、ピクッ反応し、小刻みな痙攣も続いた。

九月二十二日、朝から九時間抱いていた。

まだクッションベッドの中で体を起こせた頃、娘が言う。

「人生で今が一番幸せなんじゃないの。目開くといつもお母さんがいたから。今まではいつも家にいなかった。車が出ていくのを茶の間の所で、寂しそうにしていた」

病気が深刻だと知ってからは、後回しできるものはやめ、できる限りそばにいて見続けようと思った。願わくは私の腕の中で苦しまないで逝ってほしい、そういう時間は、今かもしれないといつも突き動かされていた。夜中の十二時過ぎ、くっついた目ヤニを、湿らしたカット綿で拭き取り、スポイトの水を持っていくと薄目を開けて飲んでいた。ガリガリにやせた体を抱き、手足を交互に握って撫でてやる。スースーと寝息も聞こえたが、再び足を温めようとすると、足を引っ込める反応を示し、それっきり寝息も聞こえなくなった。虫が知らせたようなドラマチックな二十五分だった。

「もののけ姫」の曲は、かつて毎日お風呂の中で、ＣＤも耳に馴染むぐらい流れていた。三回聞いて急変すると、首はだらりとして、左胸に寄りかかり、呼吸音も聞こえず、尿毒症の兆候でもある、音にピク、ピク反応し、小さな、痙攣を繰り返す。末期《まつご》の水になるかと何度もスポイトの水を含ませた。

「明日の方が大変だから、見ていて上げるからお風呂に入ったら」

と娘に促されて、次に備えようと思った。夜もずっと耳元に「もののけ姫」の曲を流し続けた。

九月二十四日、何も食べていないのに、体の中の汚物を全部出すように、便を出し、それを見ていた娘は、両手を動かすようにして踏ん張っていると言う。綺麗好きだった猫に、娘は、清めの儀式のように綿棒で目の周り、鼻、耳と三時間半かけて、丁寧に残さず拭き続け、最後は口の周り、歯と歯茎だった。ポルにはしてやれなかった。もう限界の体なのに、なかなか逝けないまま、「何を待っているんだろうね」と誰かが言ったように、可愛がってくれた人の手で、体を拭いてもらうのを待っていたようにも思えた。スポイトの水を含ませるのを忘れてしまいそうな時間が延々と続いた。もう息が弱くなっているのに「ヴィヴィちゃん」と耳元で声掛けると、耳がピクッと動いた。心配している次女に電話すると、

「そうやって呼吸だけで体温下げていく。どんな状態になっても抱っこされているのは分かる、エネルギーで」

「今まで自由に暮らせたのだから幸せだったよ、好きなところに行って、お腹すけば食べられ、膝の上にも上がって」

「小さい時あれだけ食べて、十八年も生きたのだから」

「介護させてもらって有り難いと思ったらいい。最期まで見守られるなんて滅多にない」

と次々に慰めの言葉が返ってくる。

二十四日は弟の手術が予定されていた。猫は目を離せない状態なので、私に代わって夫が立ち会った。いったん東京に戻る娘は帰り際、猫を気にかけて、

「お腹空かせて逝かせないで、生クリームとか何でもいいんだよ。今日はもつような気がする」

と、心残りの様子だった。

すでに水を一口飲むのも全身を使って痙攣するようにゴクンとした。体全体からはおしっこのような臭いがし、鉛筆を置く音にもビクッとなった。手術を見届け、術後の説明を聞いて戻ったのは十一時を過ぎていた。猫は何時《いつ》逝ってもおかしくない状態で抱かれ、目は見開き、透明感のない、濁った魚の目のような、見えなくなった目で、夫を見続け、帰りを待っていたのかなと思った。病気になる前、夫の胡坐《あぐら》の中が一番ほっとする空間だった。食卓テーブルに椅子で食べていた時は、ジャンプして膝の上に乗り、茶の間で食事するようになってからは、座るのを待って胡坐の中に入った。毎晩、そんな風に寄ってくる猫を、夫は限りなく受け入れ大事に扱った。長い尻尾をいつも膝と膝の間に入れてやった。晩年歩けなくなると、夫が座っても跨げず、ただそばで見ているだけだった。

九月二十五日、最期になるかもしれない、大事な時間が近づいているのに、連日の疲労で、抱いて起きていられず、十二時に布団に寝かせ、冷えた足に赤い靴下を履かせた。はじめ、頭に手を添えていたが、眠気で力が入ってしまうし、ずっと手を握ると強すぎると思って、猫の手の下に添えた。手は綾に組んでいた。うとうとして、午前二時四十三分、膜がかかったように濁った眼を見開いたまま、じっと私を見続け、小刻みな痙攣を繰り返している猫を見た時、「ヴィヴィちゃん」と呟くように名を呼んだ。細胞の一つ一つがもう機能しなくなっているのに、ただそこに、震えるように横たわっている猫に言葉を失った。そして、（この猫は、もう役目を終えたんだな）と感じた。初めて、執着を解いた。

睡魔に勝てず、五時二十分トイレに起きた時、目が開いたままだった。二時間三十七分の間の死だった。抱っこしていた背中はまだ温かく、手は繰り返しずっと組ませて、最期は教えた通り、自分で左手を上に綾に組んであった。開いたままの目を閉じてやり、口も閉じた。

静かな終わり方だった。老いと病と死に立ち会い、小さな生き物なのに、見返りを求めない大きな存在だった。ただそこにいるだけで幸福を分けてもらい、ある時は支えになった。（よく頑張ったね）と最期まで生き切った猫を讃え、そして悼んだ。まだやらなければならないことがあるのが、救いだった。

前日、今まで便秘で苦しんだのに、この世を去る前に、無い力を振り絞るようにして小さな便を出した。最後のカスのような便も出し切り、手足とお尻を湯で洗った。辛い作業だったが、体が冷たくならないうちに、ポルで経験した娘が用意した石膏粘土で、顔と、左右の手足の型を取った。左手の痛かった傷がカサブタになってせめてもの慰めだった。形見に左右のヒゲ、耳の後ろと頭の上の毛にも鋏を入れた。六時四十三分、体は冷たくなり、七時過ぎには、氷のような足だった。すべてを取り終え、何度も開いてしまう目と口を閉じた時、雨だった。五か月半に及んだ猫との最後の時間が終わり、折れそうになる日々を支えてくれた子ども達に伝えた。

「つらい目にあわせたくないから、寝ている間に死んだんだと思う」

「夜中、気付かなかったというのは、苦しまなかったんだろうね」

三日しか生きられない命を六日間も永らえたことを、

「お母さんがそういう気持ちになるのを待っていたんだろうね。一週間頑張って」

平べったい段ボール箱に、子どものような、小さくなった顔で眠る猫を、大輪の花でうずめ、ススキを一本、キャットフードにおもちゃ、写真と手紙も入れた。私は喪服に身を包み、東京から駆け付けた娘夫婦らと共に五人、家を出るまでずっと「もののけ姫」を流し続けた。

朝から雨だった。立ち会い葬は、読経でとむらい、火葬で煙になり、僅か四十分あっけなく終わった。細い小さな骨になり、尾の一部と前歯はペンダントにした。膝の上に、焼いたばかりでまだ温かく、ミントのようなにおいが、染みつくほどしている、小さい骨壷を、抱いてやった。

それぞれが帰っていき、そのあとも、ポルで喪失感を味わった娘から、何度も心配の電話が入り、苦しまないよう、

「おつかれさま、ながい一日でしたね。今日の満月は『手放しや達成、ゴールのエネルギー』だそうです。まさにそのとおりでしたね」

メールだった。

雨は上がり、その日、ほぼ満月に近い中秋の名月だった。七夕の日にもらわれ、彼岸に逝き、お月見の日に火葬だった。ずっと晴天続きだったのに、亡くなる前日、

帰る娘を送る頃から雨になり、少し横になった脇で猫は目を開けていた。亡くなった日も最後の型を取り終えて雨が降り、一日雨だった。

立ち会い葬では何とか自分を保ち、そのあと掃除、洗濯と気を紛らわすように動いた。まだ大丈夫と思っていたら、遅い入浴後、息苦しさに襲われた。（もういないんだ）と思った途端、あちこちにいた猫の姿が浮かび、そのあと空気が薄くなるような、どうにも自分では止められない生理的なものだった。焼いたにおいが、漂うように鼻に残っていてどこにも逃げ場のない感覚だった。息苦しさを収めようと、骨壺に手をかけ祈った。ベランダに出ると、雲間隠れに南に移った月明かりが見えた。午前二時十五分布団に入り、浅い眠りの中で夢を見た。時計を見たら二十分しか経っていない一瞬の夢だった。――向こうからやって来るヴィヴィを見つけ「お家へ帰ろう」と声を掛けた。一緒に並んで歩いて家の中に入ってきたのに、全面ガラス戸から、庭先の大きな石を見た夫が、「地震があったんだわ」と言ったと同時に、庭の脇の崖に通じる細い道を、小さな声で「ニャーン」と言いながら、駆けて行ってしまった――さよならを言いに来たのだと思った。

火葬を終えた翌日、H動物病院を訪ねた。すでに猫のことは、亡くなった日に連絡してあり、あらためて、休み返上で治療に当たってもらったお礼と尋ねたいこともあった。午前中の手術が長引いてずれ込み、八時過ぎても数人が待合室にいた。別室で、ややうつむき加減に立たれ、

「長かったですね」

二十日に連れてきた時には、横たわったまま動かなかった。その日から六日間も命を繋いだ。

「立派な猫ちゃん。お母さんの気持ちがそういう風になるのを待っていたんだと思う」

「食べなくなって、無理にでも注入器で食べさせた方が良かったのか、餓死させているようで、最期は棒のようになった」

と言うと、H先生は手を前に組んだ姿勢の、優しいまなざしでゆっくり首を振り、

「いや食べたくないのが尿毒症、気持ち悪い。むしろ食べたくない」

と言う。尋ねたかったもう一点は痙攣と呼吸の速さとあって、

「痛かったのか」

「それもない。枯れるように死んでいったと思う」

「二十四日、呼ぶと尻尾を振った」

と言うと、医師は、

「誰かがいると感じるだけ」

緩和ケアで猫に寄り添い、最期は老衰のような形で終わらせてもらったことに感謝した。一つの病院で終わっていたら、ずっと悔いが残り、猫を苦しめたかもしれない。ただ、最初の病院は命を延ばすために、最後の病院は看取られることでどっちも大事だった。

診察台の上に置くと、先生はいつも目ヤニをぬぐい撫でた。

「気持ち悪いでしょう、僕も猫を飼っているから」

娘に言うと、

「治療じゃないのに」

と、ぽろっと、涙を流した。

猫は、先生の手にゆだねられたように、静かだった。必死な気持ちと猫の予断を許さない症状に、休日は夜も診てくれた。せめて苦しまない死なせ方を思った。

時間の問題になっていくある日、スタッフが誰もいない診察室で、

「この猫で人生が変わったんです」

「そんなに」

長く命を引っ張って、猫を苦しめたのではないかとの問いに対し、先生の答えは治療し続けた本当の意味だった。

「どっちにもよかった。ヴィヴィちゃんは抱っこされて幸せだったし、お母さんはいい思い出を作った」

持ってきた手つかずの水素水と栄養剤は、

「病気の犬、猫に使ってもらえれば」

「使わせていただきます」

「もう猫を飼うこともないので」

「そうですか……」

その言葉が残念そうに聞こえて、あわてて、言い直した。

「飼う時は先生のところに来ます」

外に出て、見上げると、東の空に十六夜の月だった。雲の筋が何本も出た真ん中に魚の目のような満月で、今年最大のスーパームーン。失った命に来年はないが、天空では、中秋の名月も十六夜も再び巡ってくる。


もし時間が止まったと仮定して、ある一点に関わりを持ったことが、その後の暮らし方まで変えてしまうなら、そしてそれは「偶然に」という言葉で表されるが、およそ、見当をつけて出会うこともあれば、そういう流れだったということの方が多い。でも後から振り返ってみて、それ以外の選択は考えられないと思えたなら、それは、必然的な出会いだったに違いない。子猫の頃感じたものを、猫も私も貫いて、全ては円のようになって元に戻り繋がった気がしている。

初七日、H動物病院からお花が届いた。「ヴィヴィちゃんのご冥福をお祈りいたします」とカードが添えてあった。

最終章

間もなく四十九日になろうとしていた。果たして猫にも四十九日があるのか、火葬した所に問い合わせると、読経（般若心経）を上げるのは焼き場のおじさんで、僧侶の場合、五万円の費用を提示された。突然、北鎌倉の由緒ある、E寺に行こうと思った。日曜説教会の法話に間に合うには始発しかなく、夫は何も言わず同行した。

北鎌倉駅に降りた時、亡くなった日と同じ雨で、涙雨に思えた。大事な日に雨が降るというのも奇妙で一周忌も少雨ではあったが、その通りになった。猫の写真と火葬場で作った、尾の骨が入ったペンダントを持参し、厳かな気持ちで法話を傾聴し、般若心経を唱和した。坐禅は呼吸に集中しても雑念は去らない、自らがこれからも般若心経を唱え、忘れずにいることが供養なのだと思った。

そのあとも、虫がすだき始めた九月中旬、彼岸の参禅会があった。一周忌が近づいていた。無になって坐禅を組みたい心境だった。E寺の山門をくぐり、初対面の数十人と、寝食を共にした。何も身につけず、歯磨きはコップ一杯の水だけ、蚊は殺さない戒律があった。

四時起きし、坐禅は裸足、ノーメイク、携帯や時計も持たず、外部からの情報は全くない。早朝の空気の中で、虫や蟬、小鳥の鳴き声が響き渡り、この瞬間、やがて終わるであろう命に囲まれて暮らしていることを実感する。ここのところ、微風が肌に気持ちいいと思えた暮らしはなく、一匹の猫に捉《とら》えられてしまった必死の日々だった。五感が敏感になり、風を感じ、鳴き声に耳をすませると、自分も自然の一部に過ぎないと知らされる。

一杯の粥に、沢庵《たくあん》と梅干しが添えられ、空腹はこの上ないご馳走だった。それぞれの膳に盛られた粥から、食前に毎回必ず七、八粒の米粒を取って、周りの生き物に施しを与える「生飯（さば）」という作法と「不殺生戒」という、命あるものをむやみに殺さない戒律は、自然に心の中に入ってきた。猫が全てを教えてくれた。この作法も戒律も慈悲の心に溢れていた。蚊は殺さず、吹いて払い、修行場を何匹もゴキブリがゆっくり動いていても誰も気に留めない。生き物が何にも気兼ねなく、生を謳歌しているようだった。

坐禅中、一度警策で思いっきり叩いてもらいたかった。手を挙げ、頭を垂れた。バシッと一瞬で、何かが変わるか分からないが、翌日も頭を垂れた。涙が飛び散るようだった。三人、一グループになって雲水さんを囲み、一時間、傾聴の時間が設けられた。参禅の動機も含め、どんな疑問にも親身になった。一人は、今は仕事をしているが、やがてお寺を継ぐことになっていて、こんな風に、人の心に寄り添うように耳を傾ける人に癒やされた。もう一人は、お父さんとの関係に葛藤を抱えた人で、亡くなってお棺に入った時、初めて許せたこと、仏像を彫って供養し、今は仏門に入るべく、何度も寺に通っている人だった。私が尋ねた疑問には、雲水さんも、誰も答えはなかった。

「死んでどこに行ってしまったのか」

「何らかの形でまた会えないか」

だったから、答えに窮した。

夜、建物の「方丈」を囲む濡れ縁に一斉に座布団が並べられ、池のある庭園を前に「夜座（やざ）」という、それぞれが瞑想し無になる坐禅を組んだ。その日、朧月夜だった。

この時、隣り合った人と、最終日の翌朝、言葉を交わした。相手はご主人を亡くし、こちらは猫なのに、

「預かった命を神様にお返しした」

というと何度も頷いた。

まだ亡くなられて一年という悲しみの中にいるのに、それぞれの思いを口にしても、不思議に会話がちぐはぐにならず続いていった。

帰りがけ、その寺に住み着いた猫を抱いた。拾われて二十三年、年をとってすでに目が見えず、カラスに狙われて、下水に落ちることもあると聞いていた。「生老

病死」、命あるものの宿命ではあるが、これからも、どこかに、と幻影を探し求めていくのかもしれない。いなくなってみると、何でもない日がどれだけ大事だったか、何かを知るために与えられた時間だったのだと思う。

――ある時、マイクロビーズ入りのクッションを買ってきた。包んであるものには興味を持ち、開けるまでじっと見ていた。喜ぶかと、その上にヴィヴィをのせたら、柔らかすぎて足がめり込み無理だった。それなのに、がっかりさせないかのように、下りなかった。そういう猫だった。

山門を出るところで、初めて白の曼殊沙華を見た。

（了）

月の光

二週間前は希望があった。

一つの動物病院で見離され、次に行った病院で腎臓の数値が少しだけよくなっていた。猫に負担のない治療が施された。皮下注射で薬をプールし一日かけて体全体に行き渡らせるやり方だと六時間もの静脈注射と違い十分もかからない。歩けないのに診察台に置くと立ち上がろうとした。獣医師は綿棒をとり、目ヤニを拭って撫で、猫は静かにされるがままだった。今度はうまくいくかもしれない。毎日通って五日目の夜、願いは打ち砕かれた。呼吸が荒くなり、腎臓の処置で心臓に水が溜るようになっていた。

「腎臓は苦しくないが、心臓は猫を苦しませる」

皮下注射は心臓の様子を見ながら少しの量しか使えなくなった。最初の病院で最後に言われたことは、「痙攣がひどくなって連れてきても安楽死しかない」。何とか苦しまずに済むことだけを考えていた。

目ヤニは死の前兆と書いてあった。どろっとした目ヤニがどんどん出るようになって目を覆い、もう最期だった。左腕の中で、呼吸してるのかすら覚束なかった。「早く来て」と右手で受話機を持ち、東京の娘に助けを求めた。急いでこちらに向かうにしても何時間かかるか、夜まで持たないだろう。娘は覚悟したように「机の一番大きい引き出しの中にジブリの曲があるから」「その中の〝もののけ姫〟をかけてあげて」、確かに、そこに、遺品のように置いてあった。左脇に、薄いブランケットでくるんだ猫を抱いたままラジカセの電源を入れる。

十八年間忘れていた。一九九七年、七月七日、生後一か月もたたない弱々しい小さな猫だった。数日後、アニメ映画「もののけ姫」が公開された。部屋を移動すれば後追いし、お風呂も上がるまでドアの前で待っていた。見かねて娘は抱きかかえ浴槽の脇のタイルの上に置き、毎日、もののけ姫を歌って聴かせた。猫は眠くなり体を揺ら揺らさせ至福の時間だった。テレビを付ければ米良美一氏の高く澄んだ声が流れた。猫がもののけ姫の曲を聴いてるなんて有り得るのだろうか、じっと画面を見ていた。カウンタテナーとしての彼の声は動物の気持ちを引き寄せていた。

イントロが始まり、

「はりつめた弓の　ふるえる弦よ　月の光にざわめく　おまえの心」

と歌が流れた時、呼びかけにも応じなかった猫が、うっすら少しずつ目が開きだした。ぼんやり意識のない表情だったが遠くを見、聴きいるような顔にも見え、幼い時何度も耳にしたメロディーが蘇っているのかと思った。

――とぎすまされた刃の美しい　そのきっさきによく似た　そなたの横顔――

駆け付けた娘にその一部始終を撮った動画を見せたら泣いた。綺麗好きな猫だった。娘は綿棒を湿らせ、鼻の先から口の周り、歯茎と三時間近く拭き続けた。

もう首も支えきれずくにゃくにゃして、僅かな音にもひどく反応して小刻みに痙攣を繰り返した。もう駄目だと思うたび耳元に、携帯に移したその曲を流した。どういう死なせ方がいいのか、腕の中で抱いたままは叶わなかった。眠くて夜中までは無理だった。せめてどこにも行かず、ずっとそばにいた。スポイトで口を湿らすことも受けつけなくなっていた。刻々細胞の一つ一つの生命が消えていくような時間だった。

自然に「この猫はもう役目を終えたんだな」と思った二時間後の明け方だった。先生に三日、と言われてなお五日間も生き延びた。「立派な猫ちゃん、ヴィヴィちゃんはいっぱい抱っこされたからね。お母さんの気持ちがそうなるまで待っていたんだね」と言われ、苦しみを出さずに逝った猫を想った。

火葬の朝、雨だった。「シャムは活発で、仲間といるより一人で野山を駆け回ってる方が好き」という火葬場の人の言葉に、続きの――悲しみと怒りにひそむまことの心を知るは森の精――の言葉が重なる。生涯家の中だけで暮らした。猫らしく自由に気ままに外の世界を見なかった。

夜中、私は遅い入浴後、急に息苦しく、パニックのようになり、慌てて骨つぼに両手を当ててベランダに出た。朝の雨は上がり、月が出ていた。その日、仲秋の名月だった。最期まで生を全うした猫に私も敗《ま》けられないと戒めた。布団に入り、浅い眠りの中、夢を見た。

向こうから歩いてくる猫に「お家へ帰ろう」と声をかけた。一緒に並んで歩いて、家の中に入ってきたのに、全面ガラス戸から庭先の大きな石を見た夫が、「地震があったんだわ」と言ったと同時に、庭の脇の崖に通じる細い道を、小さな声で、「ニャーン」と言いながら駆けて行ってしまった。

別れの言葉を言いにきたのだ。

それから数年がたち、今も思い出さない日はないが、もう夢にあらわれることはない。

（この『月の光』に加筆したものが、表題作『青い目』です）

あとがき

一匹の猫の生きざまは亡くなったあとまでも私に何かを教えていたと思える関わりだった。言葉こそないが、あらゆる仕草で感情を表現し、甘え、喜びの声を発し、猫との暮らしは、空気を和ませ日常を味わい深くした。

避けられない老いと病、晩年は壮絶な闘いを強いられたが、ぎりぎりまで我慢をし、ジタバタすることもなく、人とは違う動物の覚悟を見た。

命を惜しみ、祈った。

最期まで生ききった猫をいつか書かなければと暗黙のうちに猫に約束した。

七年間、時間だけ過ぎていった。

石膏でとった遺品は、見るには生々しかった。二重にしたビニール袋に水を入れて作ったウォーターベッドは、寝返りも打てないやせた体を思い出させた。出窓のあるお気に入りの場所は今もそこに来て座っている思い出のまま、手付かずだった。

少し元気そうに見えても歩行が困難になると、よろけながらトイレまで行けず、茶の間とそれに続く洋間にペットシーツを敷き詰めた。もともときれい好きな猫にとって粗相は悲しいものだったに違いない。

便秘がひどく動物病院で便秘薬を小さくカットしたものを貰うが、効きすぎて帰り路、助手席の足元に置いた段ボール箱の中で下痢だった。

猫は布団に寝たまま起き上がらなくなり、呼吸音すら聞こえず、いよいよ駄目かとスポイトの水を口元に持っていくと、吸うことでまだ生きていると思う日が過ぎていった。子どものころ、生家にはいつも猫がいたが、老いてくると、いつの間にか姿を消した。

これほど弱っても、そのまま、そうっとしておくと冷たくなっていくことを示唆した、H病院の先生の言葉に逆らって抱き上げ、あっためると、最後の力を振り絞るような声で一鳴きし、（ありがとう）と言っているようだった。

そして火葬した日の夜中、夢の中で（さようなら）を言いに来たとわかった。十八年間の最後に「ありがとう」と「さようなら」を私に遺《のこ》した。

子猫のころから可愛がり、最期の日まで関わった三女の結婚が間近になったある日、目白の椿山荘で婚礼衣装の前撮りがあった。カメラを手に、私一人写真室前で待っていた。金襴緞子《きんらんどんす》に身を包んだ晴れ姿で、写真室への扉《とびら》が開いた瞬間、突然シューマンの「子供の情景」の曲がかかった。「見知らぬ国より」だった。それは最後の日々、H動物病院に連れていくといつも流れていた。

益子洋子

二〇二三年五月

参考図書

『失われた時を求めて1　スワン家のほうへⅠ』
マルセル・プルースト作／吉川一義訳　岩波文庫

著者プロフィール
益子 洋子（ましこ ようこ）
茨城県日立市出身、同県ひたちなか市在住
共立女子短期大学卒業
益子設計事務所勤務
宅地建物取引士、二級建築士
【著書】
エッセイ『オアシスを探して』（2014年、私家版）

青い目 —砂漠の中のオアシス—

2023年10月15日　初版第１刷発行

著　者　益子 洋子
発行者　瓜谷 綱延
発行所　株式会社文芸社
〒160-0022　東京都新宿区新宿1－10－1
電話　03-5369-3060（代表）
03-5369-2299（販売）

印刷所　株式会社暁印刷

ISBN978-4-286-24532-4　JASRAC 出 2304263－301